点茶之书

一盏宋茶的技艺与美学

观合 著

机械工业出版社
CHINA MACHINE PRESS

中国的茶文化“兴于唐，盛于宋”，两宋时期由于文人士大夫积极推广、参与，茶文化得到极大的发展，达到巅峰。作者在书中分享了自己多年研习点茶的经验，着重对宋朝的点茶文化进行了综合、全面的解读，包含造茶、候汤、器物及点饮四大方面，比如团饼茶的制作、末茶的研磨、如何择水、器物鉴赏及使用、皇家七汤点茶法，等等，涉及点茶的方方面面。

全书深入浅出，通俗易读，同时配以精美的图片和插画，为我们开启了一场雪沫乳花的宋代美学体验之旅，是献给爱茶人和吃茶人的一份美好的礼物。

图书在版编目（CIP）数据

点茶之书：一盏宋茶的技艺与美学 / 观合著. — 北京：机械工业出版社，2022.11（2024.1 重印）
ISBN 978-7-111-71562-7

Ⅰ. ①点… Ⅱ. ①观… Ⅲ. ①茶文化-中国-宋代 Ⅳ. ①TS971.21

中国版本图书馆CIP数据核字（2022）第165523号

机械工业出版社（北京市百万庄大街22号 邮政编码100037）
策划编辑：丁 悦　　责任编辑：丁 悦
责任校对：李 杉 王明欣　　责任印制：张 博
北京华联印刷有限公司印刷

2024年1月第1版第3次印刷
169mm × 230mm · 17印张 · 205千字
标准书号：ISBN 978-7-111-71562-7
定价：89.80元

电话服务
客服电话：010-88361066
010-88379833
010-68326294

网络服务
机 工 官 网：www.cmpbook.com
机 工 官 博：weibo.com/cmp1952
金 书 网：www.golden-book.com
机工教育服务网：www.cmpedu.com

序

点茶须是吃茶人

穿云摘尽社前春
一两平分半与君
遇客不须容易点
点茶须是吃茶人

这首《题茶诗与东坡》是由宋代著名的佛印了元禅师所作。佛印是一代高僧，而苏东坡则是当时第一才子。两人经常一起吃茶、参禅、打坐，留下了许多充满禅机而又脍炙人口的故事。

一说起茶，大家的脑海里多会涌现出一幅美妙的画面。

茶人在茶壶里放好茶叶，倒入开水。茶叶渐渐被热水漫过、飘起，在与水的融合中，散发出撩人的香气。随即，茶汤倒出，白水变成了有颜色的茶汤，或浅黄，或碧绿，或酒红，或深褐。茶汤被分别斟入各自杯中，大家举杯品饮。

这是当下主流的品茶方式——泡茶。

那诗里提到的点茶，又是怎么一回事呢？

您可千万别误会，点茶可不是像我们现在去餐馆点菜似的，再另外点个茶。咱们说的点茶，其实是中国古代的一种品茶方式。

“点”在这里，可以理解为一种动作：微微向下或一触即离。经常用到的词就是“点头”“蜻蜓点水”。

点茶的时候，通常先把粉末状的茶放在茶盏里，然后把壶拿到高处，壶嘴一歪，微微向下倾斜进行冲点。“七汤点茶法”是在点茶的过程中分七次注入热水。每次的注水量、注水位置、注水速度都不尽相同，要求非常严格。有时候汤瓶从茶汤表面迅速掠过，真的像是“蜻蜓点水”。

说到“吃茶”，大家可能经常在古文里看到这个字眼。茶友们大都听说过“吃茶去”的典故，这是唐代赵州从谂禅师的一段著名公案。

在当代中国的许多地方还在使用“吃烟”“吃酒”的说法。如果说这里的吃还有吸、喝的意思，那“吃茶”的吃，可绝对算是真正的吃了。

在当代的泡茶法中，每次泡完茶，都会看见剩余的茶叶，茶叶不会和水一起溶解消失，这些剩叶一般会被丢掉。茶叶的干物质里，蛋白质占了将近30%，它们大多是不溶于水的。另外还有单糖、脂溶性色素等也不会被水浸泡出来。即使是像茶多酚、脂类、维生素等物质，也不能完全溶解在水中。那么，这些营养物质通常会随着倒掉的茶叶一起被浪费了。而在点茶法中，茶叶被磨成非常细的粉末，和热水一起通过击打，形成浓厚的沫饽，随着茶汤一起吃下去。许多茶友品饮点茶经常会有饱腹感，有的人喝了一盏茶，就拍拍肚子说饱了。点茶不仅喝的是滋味，还吃了一肚子营养，是真正名副其实的“吃茶”。

点茶法是中国茶文化的巅峰技艺，这种“吃茶”的品饮方式，如果用现代的泡茶方法去推想它，那是完全想象不出来的。

点茶与泡茶有着诸多区别。

茶品不一，点茶用末茶，泡茶用叶茶；行茶不一，点茶用茶筅击拂，泡茶用水瀹泡；茶具也不同，点茶用汤瓶、黑釉盏、茶筅，泡茶多用紫砂壶、盖碗、小茶杯；

乃至其后隐藏的价值取向、审美体系都不尽相同。

近些年来宋代题材电视剧热播，点茶越来越多地出现在大众的面前，人们对点茶的了解有所增多。不过点茶法在中国消失已近 500 年，目前留存的与之相关的资料有限且太过晦涩难懂，虽经国内多位专家、学者研究、解读，但还是远远不能满足大众读者热切的学习需求。

在多年研习点茶的过程中，本人非常注重理论与实践的结合。在系统挖掘、梳理知识的同时，也总结出许多实操的经验与大家分享，希望能为爱好

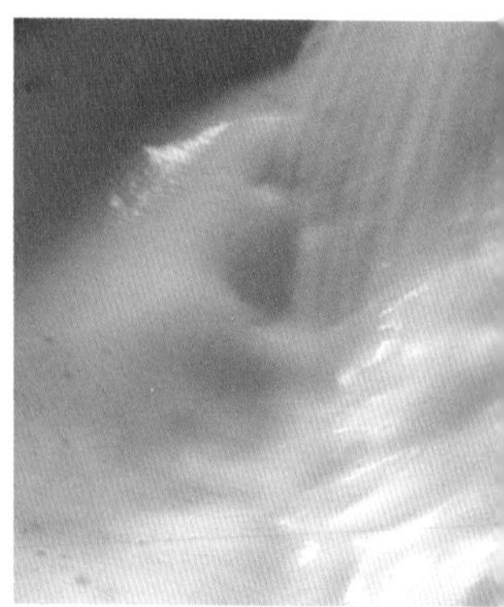

者学习宋代点茶技艺，带来有益的帮助。

本书内容分为以下四个部分。

第一部分：一之造。着重讲述宋代茶叶的制作及末茶的磨制方法，介绍了点茶法传入日本的历史过程，以及其与日本抹茶的渊源。

第二部分：二之汤。重点在择水和候汤技法。水为茶之母，汤的好坏决定了一盏茶汤的最终品质。

第三部分：三之席。介绍点茶法常用的器具，包括器型、制作工艺、使用方法及演变历史等，并为初学者提供了茶席布置的指导。

第四部分：四之点。介绍点茶品饮方法、斗茶标准，详细剖析了皇家七汤点茶法的技艺，最后收录了有趣的茶百戏[一]等内容。

点茶涉及的知识极为广泛，受本人学识所限，难免有认知不足之处，诚恳欢迎各界师友批评指正。

㊀ 茶百戏，唐末五代伴随点茶兴起而流行的一种茶汤游戏。

当今社会制茶工艺、茶具生产等物质方面已大大提升，但更好的物质条件并没有让我们在茶文化的传播上超越宋代，在内心的境界上更是相去甚远。物质的丰富，反而造成人们向外去追求，求好茶、求好器、求好境，没有真正沉下心来，向内去寻求、去感悟、去认真吃好一盏茶。

喜爱点茶，除了掌握一定的知识、技巧之外，更需要深入中华传统文化之中，让自己穿越到历史中去，尝试用古人的思维去认知、理解点茶。让每一盏茶汤，都成为我们与中华文明的共鸣。

通过此书，我衷心希望点茶之于大众，不再仅仅是一种远去的文化现象，更希望它能以一种技艺的形式，被我们触摸、掌握，让“吃茶”渐渐回归到日常生活中，成为一扇通往传统文化之美的晴窗。

点茶须是吃茶人。

目录

一之造

二之汤

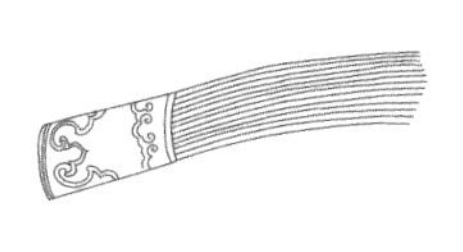

三之席

席

四之点

点

点茶法出现在唐后期，
而在北宋宋徽宗时期，到达了巅峰。

一之造

出道即巅峰

茶之尚
盖自唐人始
至本朝为盛
而本朝又至祐陵时
益穷极新出
而无以加矣

“兴于唐、盛于宋”。用这句话来形容点茶的发展，再贴切不过了。

点茶法出现在唐后期，而在北宋宋徽宗时期，到达了巅峰。

从“神农尝百草，日遇七十二毒，得茶而解之”的传说算起，中国人喝茶已经有超过 5000 年的历史了。在对茶叶利用的漫长岁月里，人们起初主要把茶当作食品、药品来使用。国人认为“药食同源”，有着诸多益处的茶，当仁不让地被应用到日常饮食中。一开始，对茶多使用食物的处理方法，基本上就是把自己觉得好吃好喝的东西和茶放在一起混煮，最终连茶叶一起吃下去。

三国《广雅》里记载：“荆巴间采茶作饼，成以米膏出之。若饮，先炙令色赤，捣末置瓷器中，以汤浇覆之，用葱、姜、桔子芼之。其饮醒酒，令人不眠。”

西晋郭义恭《广志》说：“茶、茱萸、檄子之属，膏煎之，或以茱萸煮脯胃汁为之。”茱萸，就是《九月九日忆山东兄弟》里“遍插茱萸少一人”的那个茱萸，这是一味著名的中药材，温中下气，止痛逐风，除湿血痹。

瞧，吃得多热闹，葱、姜、橘子、茱萸、檄子……

当然，也有以茶煮汁当作饮料喝的。三国的吴后主孙皓经常与臣子们宴饮，他喜爱的一名大臣韦曜不擅饮酒，孙皓就偷偷让人用茶代替酒来帮他蒙混过关。这也是“以茶代酒”典故的由来。

不过，彼时饮的茶也还多是掺杂了许多其他食品的“加料茶”。

中唐时期，茶圣陆羽出世了。对于这种茶食混用的方法，茶圣很是鄙夷，他痛斥混煮出来的茶汤“斯沟渠间弃水耳”，味道就像下水道里的污水。他写了一部书，告诉大家煮茶的正确方法。从茶的产地、加工、器具、饮用方法，一直聊到茶历史、茶文化的方方面面，这就是世界上第一部茶文化专著《茶经》。茶中的真香被陆羽彻底发掘，一下子征服了世人，“越众饮而独高”。陆羽还详细列出了茶的器具和仪轨[一]，“于是茶道大行，王公朝士无不饮者”。

陆羽倡导的饮茶方法，通常被称为“煎茶法”，它和点茶法在饮用前，

㊀ 仪轨，礼法规矩。

中国历代主流行茶法

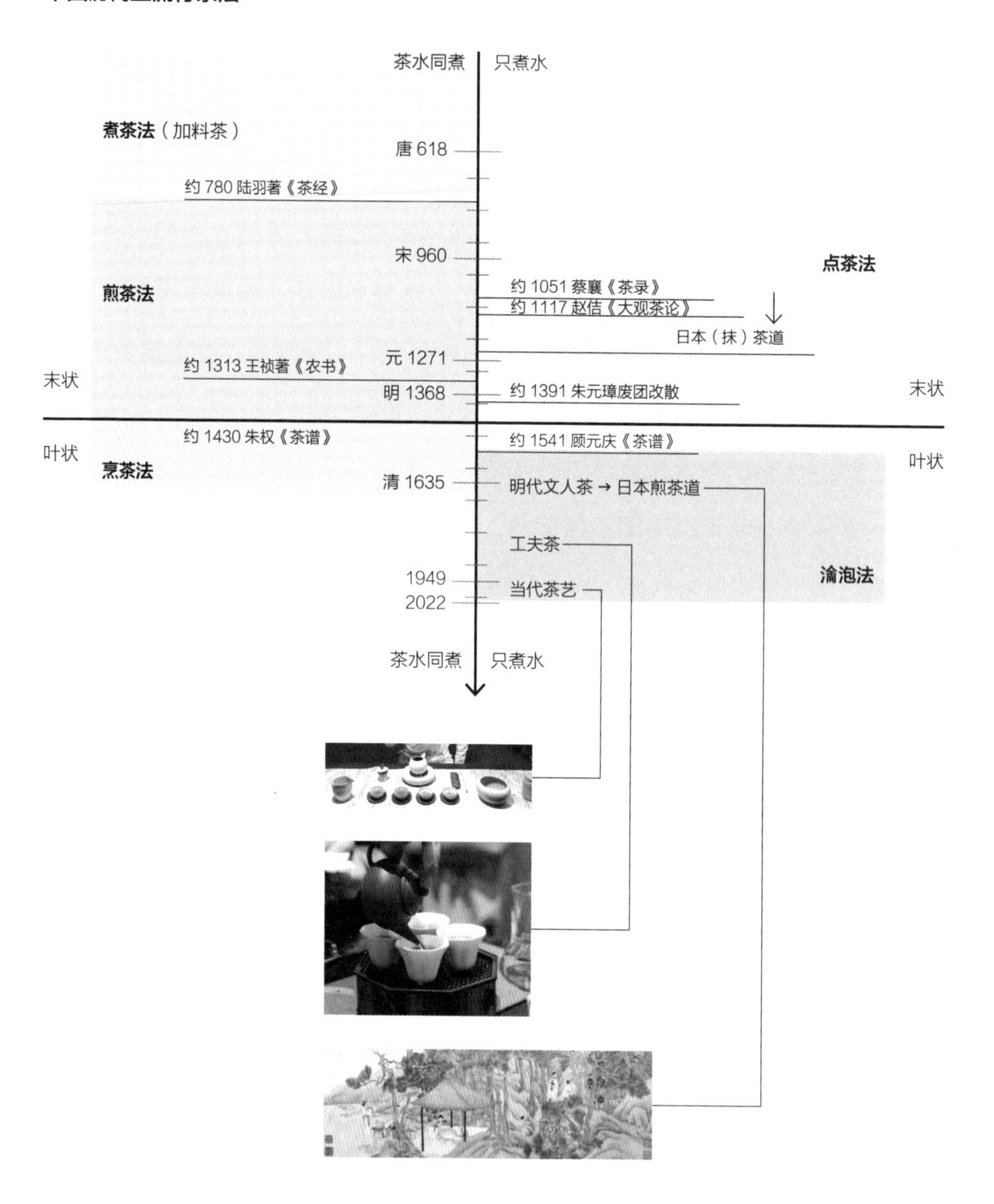
茶水同煮
只煮水
煮茶法（加料茶）
唐 618
约 780 陆羽著《茶经》
宋 960
点茶法
煎茶法
约 1051 蔡襄《茶录》
约 1117 赵佶《大观茶论》
日本（抹）茶道
元 1271
约 1313 王祯著《农书》
末状
明 1368
约 1391 朱元璋废团改散
末状
约 1430 朱权《茶谱》
约 1541 顾元庆《茶谱》
叶状
叶状
烹茶法
清 1635
明代文人茶 → 日本煎茶道
工夫茶
1949
当代茶艺
瀹泡法
2022
茶水同煮
只煮水

都要先将茶加工成末状。

不过，按宋人的标准，点茶可比煎茶高级多了！

宋代笔记小说《遯斋闲览》里有一段话：“李泌诗云：‘旋沫翻成碧玉池，添苏散出琉璃眼。’遂以碧色为贵。止曰煎茶，不知点试之妙，大率皆草茶也。”

李泌是唐代中兴的名臣，国之栋梁，历仕四朝，平定安史之乱。他也潜心修道，长年隐居山中，是位茶道高手，基本代表了唐代煎茶的最高水平。李泌诗中记载了煎茶时旋起的美妙沫饽和碧玉般茶汤。不过，这些却被宋人当作笑话，认为唐人不知道点茶的精妙，所以只能喝到低档的草茶。

唐代制茶方法相对简单，属于最原始的蒸青茶工艺。煎茶时茶中的苦涩物质很容易释放到茶汤中。为此，茶圣虽然痛斥了加料茶，但还是保留了向茶汤里加盐的步骤，以降低茶汤苦涩感。宋代制茶工艺大幅提升。北宋初年，宋太宗就派人到福建北苑，接管了南唐的贡茶园，专门开始种植和加工只供皇家饮用的“龙团凤饼”。后来，丁谓、蔡襄、郑可简等士人先后参与到茶的制作中。士大夫有文化、有见识、有能力，也有人脉，他们一旦参与到农副产品的生产过程中，茶的标准、质量、创新、品牌、人群市场，一下子就都有所提升。茶制作工艺水平飞速发展，达到了前所未见的顶峰。宋徽宗盛赞其“采择之精，制作之工，品第之胜，烹点之妙，莫不咸造其极。”“龙

煎茶法

点茶法

凤团饼”用料之精，制作之繁，即使是后世的皇家也难以企及再续。明朝初年，穷苦出身的朱元璋无法接受团饼茶对民力的消耗，为此废除了团饼贡茶制度，草茶瀹泡法才由此渐兴，直至今日。

唐代以水煎茶，全部技巧集中在对火候的控制上。而点茶不仅讲究磨茶、择水、候汤，还要求有高超的击拂[一]手法。点茶以其专业性、复杂性，促进了斗茶的盛行。宫廷、文人雅集、寺院、民间，无不以茗战为雅乐之事。茶百戏、水丹青[二]等分茶技巧则是更为高级的茶艺，能在茶汤之上绘画写字，掌握这门技艺的茶人甚至被尊称为“茶匠”。

《茶经》中，陆羽记录了煮茶二十四器，不过今天大多已不见于茶事之中。而宋代点茶所用的器具，对后世影响深远。其中的执壶，是今天泡茶法所用茶壶的老祖宗；许多精品建盏流传至日本，被视为国宝。

㊀ 击拂，点茶时的一种手法。

㊁ 水丹青，一种能使茶汤纹脉形成物象的古茶艺，其特点是仅用水和茶不用其他的原料就能在茶汤中显现出文字和图案。

按《中国古代茶书集成》统计，宋元两代茶书有24种，接近唐代的3倍。例如，蔡襄的《茶录》、宋徽宗的《大观茶论》、赵汝砺的《北苑别录》等，到今天还是研究中国茶史、茶文化的必读文献。且这二十多部茶书，多为原创。宋徽宗撰写的《大观茶论》是世界上唯一一部由皇帝创作的茶书。蔡襄是书法名家，他自己书写了《茶录》并勒石立碑，有书法拓片流传于世。明清茶书数量虽多于宋代，但含金量下降，多为对前人茶书的整理、辑录，内容上缺乏重大突破。

除了书籍，宋代还出现了大量以茶为主题而创作的诗词歌赋、书法绘画等艺术作品。钱时霖等人曾经编过一套《历代茶诗集成》。在《宋金卷》里，收录的宋代茶诗作者就有 917 人，茶诗 5297 首。我们耳熟能详的宋代名士几乎都有茶诗创作。北宋苏轼有“烹茗僧夸瓯泛雪”，欧阳修有“泛之白花如粉乳”，南宋陆游记录自己“晴窗细乳戏分茶”，杨万里则感叹“煎茶不似分茶巧”。文人们让茶事直接提升到了艺术层面，与“琴棋书画，诗酒花香”共同构成了多姿多彩的文人雅韵。宋代成就了中华茶文化的巅峰。

古香齋寶藏蔡帖

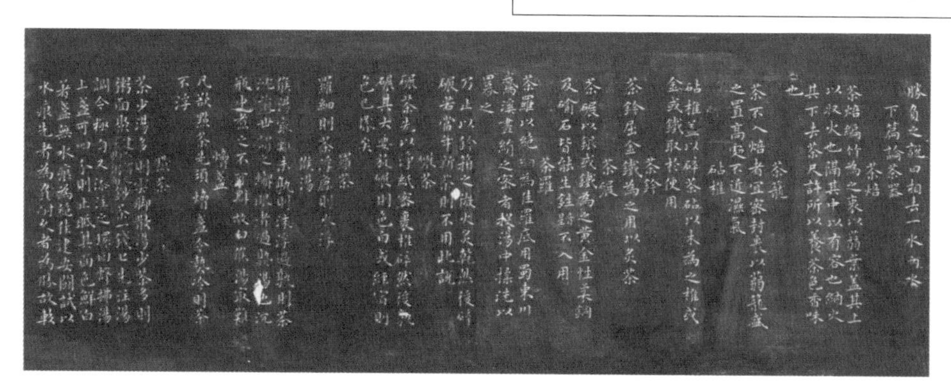

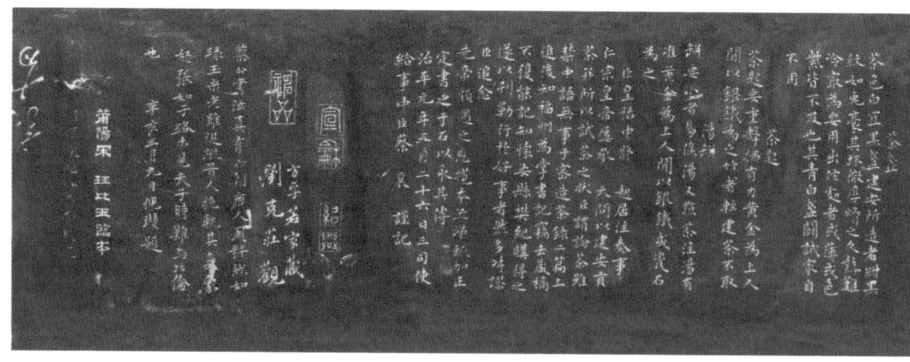

蔡襄《茶录》书法，古香斋宝藏蔡帖

上篇論茶

色

茶色貴白而餅茶多以珍膏油去聲其面故有青黃紫黑之異善別茶者正如相工之眎人氣色也隱然察之於內以肉理實潤者為上既已末之黃白者受水昬重青白者受水鮮明故建安人鬭試以青白勝黃白

皇室的重视加上士大夫阶层的参与推广，点茶文化迅速流传，很快渗透到社会各阶层的礼仪文化和日常生活中。

殿堂之上，茶从一种饮品上升为皇家恩宠的代表物品，皇帝经常以赐茶作为表彰臣子荣誉之事。只有在宋朝，茶才被赋予了如此之高的地位。皇帝在皇宫内院举办私宴，还会亲手给臣子点茶。

点茶是文人们休闲时的重要内容，和烧香、挂画、插花被共称为“四般闲事”。宋初有一位隐士林逋，号称梅妻鹤子。他隐居在杭州孤山，终身不娶，以梅花相伴为妻，养着两只仙鹤做子。他经常泛舟去西湖的各个寺院游玩，如果有客人来，小童就会把鹤放出来，林逋一看到天空盘旋的飞鹤，就立刻驾小船返回，浪漫如此！

他写过《尝茶次寄越僧灵皎》：

白云峰下两枪新，
腻绿长鲜谷雨春。
静试恰如湖上雪，
对尝兼忆剡中人。
瓶悬金粉师应有，
筋点琼花我自珍。
清话几时搔首后，
愿和松色劝三巡。

筯就是筷子。“筯点琼花”即拿筷子制造出像琼花一样的白色汤花。

民间，茶已经成为每户人家不可或缺的日常必需品，“茶之为民用，等于米盐，不可一日无也。”开门七件事“柴米油盐酱醋茶”的概念也是这个时候形成的。皇帝、士大夫喝高级“团饼茶”加工的末茶，百姓则多喝普通“草茶”加工的末茶。许多和茶有关的礼仪也渐渐形成，比如客来敬茶、以茶作为聘礼等。

在宋代，茶馆、茶坊、茶肆、茶楼、茶摊遍地都是。在开封、杭州等大城市，针对不同社会阶层的人群，开设相应的茶馆。有高级的“士大夫期朋约友会聚之处”，也有“楼上专安着妓女的花茶坊”，还有类似底层劳务市场的“诸行借工卖伎人会聚行老处”。茶馆不仅对客人的定位清晰，市场细分充分，而且营销手段五花八门，有的“插四时花，挂名人画，装点店面”，有的“四时卖奇茶异汤”，有的“敲打响盏歌卖”吸引观看者驻足消费，还有说书的、唱曲的、玩蹴鞠的，只有你想不到的，没有见不到的。茶馆俨然成了区域公共中心、消息集散地，而且营业时间、经营内容相当灵活，除白天营业外，还设有早茶、夜茶，同时供应汤水茶点等。在北宋汴京（今河南开封）的夜市上，三更半夜都有人提着茶瓶卖茶。南宋临安（今浙江杭州）则有摊贩专门在夜晚于大街上推车设点，给游人点茶。

刘松年有一幅画作《茗园赌市图》，可以一窥当年的市井饮茶生活。下图中可以看到几名茶人凑在一起，一人正在向碗里注汤，一人正在细啜品饮，一人提瓶站立注视着品饮者的表情，一人正在用袖子擦嘴，还有一人表情悻悻地正要离去，估计是刚斗茶输了。旁边有一人照看着一副大挑子，里面堆满了各式茶具，一个大茶盒上书有“上等江茶”的字样。一位年轻的母亲领着孩子路过，边走边回头观看。瞧，这幅画中的生计已经做成了“生趣”。

佛家与茶有着不解之缘。唐代的《封氏闻见记》里最早记载了泰山灵岩寺的僧侣以茶助禅。到了宋代，许多寺院不但在日常生活中使用茶，而且大规

《茗园赌市图》 南宋 刘松年

《五百罗汉图》（局部） 南宋 周季常 林庭珪

模种植茶，除了寺院自用，还会销售，参与到茶叶经济中。宋僧吃茶，已经成为日常生活的一部分，宗赜撰写的《禅苑清规》中已经正式收录了有关茶汤饮用的仪轨。

许多日本寺院现今还保持着宋代禅苑的点茶仪轨。在茶会中，吃茶人的面前会被事先放好一副托盏，内置末茶，然后点茶人进入，左手持汤瓶，瓶口插茶筅。行至吃茶人面前，取下茶筅，左手用汤瓶注入热水，右手以茶筅击拂点茶。一位点茶人可以依次点几盏茶。

南宋的时候，僧人义绍住持宁波的东钱湖惠安院。他邀请两位民间画师周季常、林庭珪，绘制了《五百罗汉图》。画作历时 10 年完成，共 100 幅，可以算是目前世界上发现的数量最大的系列佛教题材作品。《五百罗汉图》后来经东渡求法的日本僧人，传至日本镰仓的寿福寺，1590 年移藏京都丰国寺，再转藏奈良大德寺。其中画面内容多是佛教历史事件、典故或是当时寺院僧人生活等。尤其需要提到的是，里面有罗汉点茶的画面，和宋代禅苑点茶方法基本一致，僧人们真实的点茶生活跃然纸上。

宋人的诗句中，也描述过大量的点茶高僧。陈襄的《依韵和解空长老雪颂》写“穷阎处士愁穿屐，明眼高僧笑点茶。”华岳的《寄宗上人》写“别来犹记松窗外，一掬清泉自点茶。”最著名的当属杨万里的《澹庵座上观显上人分茶》了：

分茶何似煎茶好，煎茶不似分茶巧。
蒸水老禅弄泉手，隆兴元春新玉爪。
二者相遭兔瓯面，怪怪奇奇真善幻。
纷如擘絮行太空，影落寒江能万变。
银瓶首下仍尻高，注汤作字势嫖姚。
不须更师屋漏法，只问此瓶当响答。
紫微仙人乌角巾，唤我起看清风生。
京尘满袖思一洗，病眼生花得再明。
叹鼎难调要公理，策动茗碗非公事。
不如回施与寒儒，归续茶经傅衲子。

看来，点茶不仅是僧人们日常生活的一部分，更是自我修行和点化他人的重要方式。

点茶在大宋成为全民国饮方式的同时，通过传播，也在整个东亚地区流行起来，其不仅被辽、金、西夏等国贵族奉为雅事，更对韩国茶礼、日本茶道的形成有着深切的影响。

辽国也点茶。

宋辽澶渊之盟后，进入了一个多世纪的和平时期，两国开展互市，茶叶是重要的交换物资。辽国的贵族向宋朝看齐，不但以饮茶为雅事，更是讲究非上等小龙团茶饼[一]不用，还偷偷派出了“商业间谍”到宋国偷学茶器制作技术。20 世纪 90 年代，在河北宣化发现了辽代的墓群，墓室壁画中详细地绘制出碾茶、煮水等程序，而其中的汤瓶、茶盏、盏托、汤匙等茶器，非常清晰地说明辽国贵族所享受的就是点茶。

金国也点茶。

金熙宗是金国的第三位皇帝。他登基那年，被金国俘虏的宋徽宗病死在

㊀ 宋代的一种小茶饼，始制于丁谓在福建做官时，专供宫廷饮用。茶饼上印有龙凤花纹。

五国城。金熙宗自幼跟随辽国进士、汉人韩昉学习汉文经史，研读中原典籍，汉化程度很深，少年时“能赋诗染翰，雅歌儒服，分茶焚香，弈棋象戏”，被女真贵族称之为“宛然一汉户少年子也”。金国灭北宋不久，点茶就已经成为贵族的爱好。洪皓《松漠纪闻》载，女真权贵人家在婚

贵族点茶　辽国墓室壁画

《饮茶图》 南宋 弗利尔美术馆藏

周文矩

宴以后，主人会留下贵客一起品鉴茶：“宴罢，富者瀹建茗，留上客数人啜之”。

高丽（朝鲜）也点茶。

宣和五年（1123 年），金国灭北宋前四年。高丽王朝仁宗即位。宋徽宗派出了国信史出访高丽。徐兢在多达二百余人的大团队中，担任“国信所提辖人船礼物官”。他记录下一路看见的高丽风俗民情，回国撰写了《宣和奉使高丽图经》四十卷，并亲自绘图以配。宋徽宗阅后大加赞扬，直接给徐兢升了官，提拔其为大宗正丞事。

在该书第三十二卷里，记载了高丽人的吃茶习俗。“土产茶，味苦涩不可入口，惟贵中国腊茶，并龙凤赐团。自锡赉之外，商贾亦通贩，故迩来颇喜饮茶。益治茶具，金花乌盏、翡色小瓯、银炉、汤鼎，皆窃效中国制度。凡宴则烹于廷中，覆以银荷，徐步而进。候赞者云：‘茶遍’，乃得饮，未尝不饮冷茶亦。”

高丽本土的茶不好喝，所以也推崇中国的龙团凤饼。高丽经常和中国通商往来，也多仿效北

宋置备点茶器具。金花乌盏应是建盏类的黑釉瓷盏，翡色小瓯应是高丽青瓷或中国龙泉窑一类的青瓷。其法似先用大盏点好茶汤，再分到小瓯中饮用，这是典型的点茶、分茶程序。高丽人在宫廷中饮宴时，要等全部人都拿到茶汤，才能一起饮用，所以经常喝的是冷茶。

《陆羽烹茶图》　元　赵原　台北故宫博物院藏

日本也点茶。

说到宋代点茶时，许多人一看到粉末状的茶，就会问，这是日本“抹茶”吗？这个问题回答起来比较复杂，留待一个专门的篇章来细说。不过，日本的“抹茶”确实是从宋代点茶发展而来的。

荣西和尚是最早把点茶系统传入日本的人。南宋绍熙二年（1191 年），他从中国返回日本，带回了临济禅，也带回了茶种子和制茶、饮茶的方法。不过要论对日本点茶的影响，还是要数从杭州径山寺归国的两位日僧。

南宋时期，浙江杭州余杭的径山寺是著名的禅宗丛林，为皇家敕封五山十刹之首，寺中高僧辈出，成为许多日本僧人留学之地。

日僧圆尔辨圆从径山寺学归，把记录有禅宗丛林茶礼的《禅苑清规》带回了日本，据此撰写了《东福寺清规》，并规定“丛林规式一期遵行，永不可退转。”至今，日本东福寺还基本保持着南宋茶礼形式。

随后，另一位日本僧人南浦绍明跟随虚堂智愚祖师学禅。学成归国后，把寺院茶礼中使用的“茶台子”和其他许多茶具、茶种子带回了日本。南浦绍明的嗣法门人[一]中，有一位鼎鼎大名的高僧一休宗纯，他自称是虚堂祖师

[一] 嗣法门人，继承佛法者。

的七世法孙。日本茶道的开山之祖村田珠光就是和一休学习参禅，并从中领略到禅与茶的内在精神。带着寺院茶礼痕迹的点茶，慢慢传入世俗，渐渐形成了以禅为核心思想、点茶法为形式，结合日本侘寂美学、武家礼法及其他文化元素的、独有的日本茶道。

点茶法历唐、五代、宋、元、明五个朝代，覆盖唐、五代十国、宋、辽、金、西夏、吐蕃、高丽、日本等政权的疆域。今天，我们经常以“宋代点茶”来代称它，就是因为它在宋代达到了巅峰，宋代点茶是这种古老茶法中最具特色的代表。

点茶法的消亡大约在明中期。

最主要的原因是宋明两代国力发生了变化。明代初年其实还在延续宋代的团饼贡茶制度，但因为团茶制作要消耗大量的人财物力，茶农不堪其苦。洪武二十四年（公元 1391 年），穷苦出身的朱元璋颁布了废团兴散的诏令，大大降低贡茶的标准：“岁贡上供茶，罢造龙团，听茶户惟采芽茶以进。”上行下效，在皇帝的提倡下，叶子状的散茶饮用开始兴起。

不过若说点茶法因为朱元璋的一纸诏令就立刻消亡了，还有些牵强。明代早期还有不少文人玩习末茶以为雅事。朱元璋的十七子宁王朱权多才多艺，对于黄老[一]、九流[二]、星历、医卜、琴艺样样精通。他在1440年前后，写出一本《茶谱》，在里面记录了自己“取烹茶之法、末茶之具、崇新改易，自成一家”的创新茶道。1541年左右，顾元庆删校的《茶谱》中，虽已大量出现瀹泡法使用的茶具，但还是记录了不少点茶法的内容。

点茶法的最终衰落，茶叶制作工艺的发展也是主要原因。散茶自古就有，从茶食同饮开始已经存在了上千年，为何要等到唐煎、宋点各领风骚三百年后，直到明代才成为主流呢？

在明代以前，团饼茶是绝对的一哥，草茶固然也好，但基本无人钻研。时兴散茶以后就不一样了，在皇帝的影响下，大家开始重视草茶的制作工艺发展。之前的古法制茶以蒸青为主，蒸汽杀青温度最高为100℃，许多高温才能产生的香气激发不出来，青草味较重，直接冲泡叶子茶饮用时口感发闷，体验弱于末茶。明代高温炒青开始流行，炒青的锅温在200℃以上，许多经

㊀ 黄老，黄帝之学和老子之学的合称。

㊁ 九流，秦至汉初的九大学术流派。道家、儒家、阴阳家、法家、农家、名家、墨家、纵横家、杂家。

高温激发出来的芳香物质得到释放，茶香变得高扬，且非常有穿透力。

炒青的出现，打开了中国人寻找茶叶多元体验的大门，中国人对于茶味、茶香的感知系统开始发生变化。制作工艺也由单一、纵深的探索，转为横向、多种工艺的尝试。不再局限于只用蒸青这种制作方法来衡量全国各产区的茶产，开始分门别类研究各个茶种的特殊性，并摸索与之匹配的制茶工艺。之后，绿茶、白茶、黄茶、青茶、红茶、黑茶六大类茶的加工工艺慢慢呈现、完善，并最终形成了品种香、地域香、工艺香、季节香、储藏香等综合的茶香系统。

炒青之后的草茶，让饮茶变得简易起来，使用热水简单地冲泡，就能得到一杯馨香可口的茶汤。

今天，行销世界的立顿红茶等国际品牌，使用红碎茶茶包的形式，让冲泡变得更为容易。从茶推广的角度来说，这让世界更多的人群享受到茶叶带来的福利，也可以算是一种文明的进步吧。不过，许多的国人对此不屑一顾，还是在坚守着传统的行茶方法。

由繁入简，由难转易，由精变博，点茶向泡茶的转变，不能简单地做出“进步或退步”的结论，让我们见仁见智吧。

点茶法是中国茶饮的极致呈现，点茶需要一定技巧和经验，点茶法的中坚力量是以皇帝为首的文人士大夫阶层。元初，文人的社会地位直线下降，《叠山集》记载“滑稽之雄，以儒为戏者曰：我大元制典，人有十等……七匠八娼，九儒十丐，后之者，贱之也。贱之者，谓无益于国也。”可以看出，文人的地位已经被排到老九，被当作对国家无益的群体。元朝这么折腾了几十年，到了明代，文人的地位、财力、心气、素质水平明显低于宋朝，能点茶的人越来越少，点茶自然也就凋零了。

意大利牧师帕德·M.里希在明代晚期，一直在中国的朝廷担任科学顾问，他对茶叶有很详尽的描述。他的系列文章在1610年发表，其中一篇文章中写道：

“中国人在阴天采取茶叶，用来每天冲泡使用。这种饮料在饭后和欢迎客人时使用，有时也在闲暇时饮用，用来消磨时光。茶还须趁热饮用，味道略苦，但饮用后并没有不适的感觉，经常饮用，对于身体健康方面非常有益处……茶叶在日本的使用方法与中国稍有不同：在日本是将茶片磨成粉末，每杯开水中加入茶末二三勺，混合而饮；在中国只是将茶叶数片放入一壶开水中，等到泡出的汁液散发出香味时，趁热饮用，而茶叶则不饮用。”

当西方人看到中国人喝茶的时候，中国人已经普遍使用叶茶法饮茶。荷兰人最早从中国带回欧洲的就是叶茶。于是，欧洲人和中国人一样，开始将叶子形态的草茶置入容器中，使用热水浸泡饮用。这也是今天各国人饮茶的主要方式。与此同时，西方人也看到了日本人在使用末茶法饮茶，但末茶法并没有被广泛接受并流行。

直到今天，还有许多西方人一直认为中国人自古以来就喝叶茶，而日本人则是喝末茶。

了解了国人饮茶的来龙去脉以后，你可不能再犯这种错了！

史上最尊贵茶的诞生

本朝之兴
岁修建溪之贡
龙团凤饼
名冠天下

《大观茶论》开篇即提到“本朝之兴，岁修建溪之贡，龙团凤饼，名冠天下。”这个龙团凤饼到底是什么茶，能让宋徽宗如此自傲呢？

《茶经·六之饮》中称：“饮有粗茶、散茶、末茶、饼茶者……”饼茶在很早以前就已经出现了。陆羽造茶时，工艺被总结为“晴，采之、蒸之、捣之、拍之、焙之、穿之、封之、茶之干矣。”茶叶蒸青后，简单地槌捣即焙火压饼。

北宋张舜民的《画墁录》记载，常衮在唐代贞元年中（785—805年）担任福建观察使兼建州刺史，在建州主持改革茶的制作工艺。他把槌捣的动作变成细细地研磨，研成膏状后再压成饼，“始蒸焙而研之，谓之研膏茶”。常衮其实在783年就已经去世，他是在贞元之前的建中（780—783年）年

《惠山煮泉图》 明 钱谷 台北故宫博物院藏

《品茶图》 宋末元初 钱选（传）

间任职于福建，张舜民的资料可能有误，不过至少说明在唐中期研膏茶就已经出现了。

一百多年后的唐末五代，徐寅写过一首《尚书惠蜡面茶》：

武夷春暖月初圆，采摘新芽献地仙。
飞鹊印成香蜡片，啼猿溪走木兰船。
金槽和碾沉香末，冰碗轻涵翠缕烟。
分赠恩深知最异，晚铛宜煮北山泉。

彼时建州产的茶被称为“蜡面茶”，这种茶点出的茶乳浓厚黏稠，和融化的蜡水相似。诗里提到团饼茶制作的两个发展阶段，一是原材料采摘的时间，采摘时间提前到腊月或早春即开采茶芽，所以也有人将“蜡面茶”称之为“腊面茶”；二是蜡面茶的表面开始出现飞鹊图案。

保大四年，南唐灭闽国，将重要的茶产区建安收入囊中。第二年，下令建安开始贡茶。《宣和北苑贡茶录》记载“初造研膏，继造蜡面，既又制其佳者，号曰京铤”。蜡面茶算是研膏茶的升级版。

宋灭南唐后，建安茶区自然归属大宋。太平兴国（976—984 年）年间，宋太宗下令在北苑特别置办带有龙凤图案的模子，所造茶饼表面皆有龙凤花纹，专供宫廷、朝臣饮用，用以区别百姓用茶。此茶一出，“蜡面降为下矣”。龙凤团饼茶可以被看作是蜡面茶的再升级。随着大宋国力的增长、士大夫阶级的加入，团饼茶的制作逐渐走向奢靡的巅峰。

北苑茶事石刻 1048 年　阿利摄

团饼茶制作有“始于丁谓，成于蔡君谟”之说。

咸平年间（998—1003 年），丁谓担任福建转运使，负责督造龙凤团茶，他改良了龙凤团茶制作工艺，尤其狠抓早、快。丁谓的《北苑焙新茶并序》中写道：“社前十五日，即采其芽，日数千工，聚而造之，逼社即入贡。工甚大，造甚精。”社日一般在立春后五十多日，丁谓在社日前十五日，差不多惊蛰节气左右，就开始采茶制茶。为了赶工，每天要调动数千人工。茶制好后飞速送往京师开封。在当时交通不便的情况下，丁谓从福建采茶到入贡河南，不过十几天时间。

庆历八年（1048 年），福建转运使柯适刻立了茶事石刻。石刻现位于福建省建瓯市东峰镇裴桥村焙前自然村，高近 4 米、宽 3 米，共有碑文 80 字：

建州东，凤凰山，厥植宜茶。
惟北苑，太平兴国初，
始为御焙，岁贡龙凤上。
东东宫，西幽湖，南新会，
北溪，属三十二焙。
有署暨亭榭，中曰御茶堂。
后坎泉甘，宗之曰御泉。
前引二泉，曰龙凤池。
庆历戊子仲春朔柯适记。

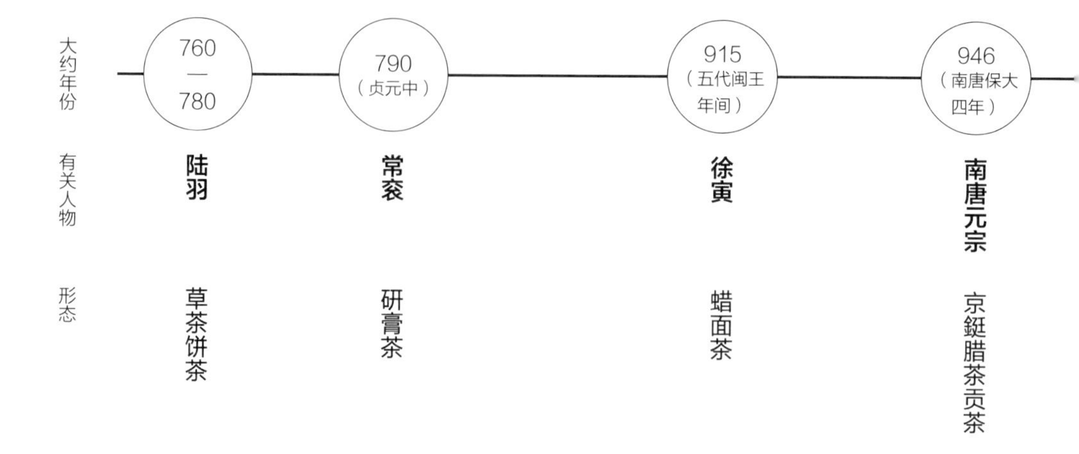

团饼茶发展

蔡君谟即是蔡襄，他在仁宗庆历年间（1041—1048年）担任福建转运使。蔡襄改良了团茶的制式，他把过去一斤八饼的大团饼茶，改为一斤二十饼的小团饼茶。茶饼除了有圆形外，还有椭圆、菱形，甚至是花型，外面的龙凤图案也愈发精致，改良后的小龙凤团茶精致得像件艺术品。

欧阳修在《归田录》中如此描述小龙团：“庆历中，蔡君谟为福建路转运使，始造小片龙茶以进，其品绝精，谓之小团，凡二十饼重一斤，其价直金二两。然金可有而茶不可得，每因南郊致斋，中书、枢密院各赐一饼，四人分之。”古代一斤为十六两，小龙团相当于0.8两一饼，值黄金二两，是黄金价值的2.5倍。按现在的黄金价格计算，小龙团差不多值五六十万元一斤。

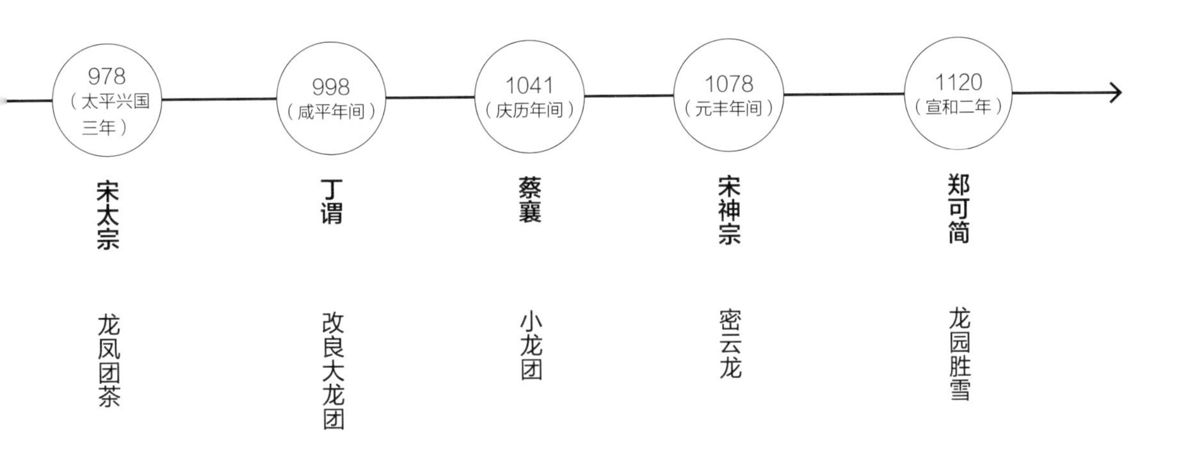

欧阳修有幸得到过完整的一饼茶，根本就不舍得喝，没事拿出来看看，捧在手里把玩，涕泣不已，感激皇恩浩荡。

到宋徽宗时，贡茶几乎每年都有创新。密云龙、三色细芽、万寿龙芽、御苑玉芽等等，这些都是知名贡茶，“银线水芽”奢侈到原料只取早春芽茶里面最细嫩的一丝。正所谓“皇帝一盏茶，百姓三年粮”。如此制出的茶饼致密细腻、洁白如玉，宋徽宗在《大观茶论》里形容磨茶为“碎玉锵金”。

龙凤团茶声名远播，《契丹国志》里记载，“非团茶不纳也，非小团不贵也。”看来辽国的贵族对龙团凤饼也是推崇有加，尤其是小龙团。

经常有茶友问，宋代团饼茶属于绿茶还是白茶？

当代的六大类茶，是按制作工艺进行的分类，再加上花茶、紧压茶，基本已囊括了所有的制作工艺。不过宋代的团饼茶和这些工艺都不相同。我们不能简单地用现代的制作工艺去理解宋茶。

宋代团饼茶可以概括为：蒸青、研膏、微发酵饼茶。

《北苑别录》将制茶过程分为开焙、采茶、拣茶、蒸茶、榨茶、研茶、造茶、过黄八步。

开焙。严格意义上来说，这算是一个仪式，一般在惊蛰前三天开始。宋代的贡焙在北苑的凤凰山（今福建省建瓯市东峰镇）。是日，官吏、茶农等共同上山，击鼓鸣金，高声呼喊“茶发芽，茶发芽”。梅尧臣的《次韵和再拜》有诗“先春喊山掐白萼，亦异鸟觜蜀客夸。”现今的福建南平建瓯市，现在每年春天，政府与茶农还在仿效古制进行喊山仪式。

采茶。宋人对采茶的时间和方法要求甚严。“撷茶以黎明，见日则止”，意思是只能拂晓时分采摘，一旦太阳出来，则会“鸣锣以聚之”，即像打仗一样，用敲锣来统一号令，一起收工，以避免有人为贪多超时采摘。这段时间非常短暂，所以经常出现千人闻鼓而动，蜂拥上山同采的状况。摘茶时，还规定必须以指甲掐断茶，绝不能用手指将茶芽揪下来。这是考虑人的手指有温度且会出汗，恐怕其与茶芽接触过多影响茶品。指甲掐断处会露出叶脉的横截面，为了防止该部位氧化发红而影响茶色，采茶人还要随身携带水罐，将茶芽投入其中，以阻挡氧化。

拣茶。采下的茶要精挑细选一下，摘去鱼叶、乌蒂、紫芽。鱼叶不去则有损茶味，乌蒂不去则会有损茶色。所挑出来的茶芽，以像针大小的水芽为上，小芽其次，而一枪一旗[一]再其次，剩下的皆不可用。挑拣过的茶皆为精品，且纤维状态趋同，才可进入下一步骤。

蒸茶。挑好的茶芽经过再三的洗涤之后，开始放入甑[二]内进行蒸汽杀青。蒸必须要适度，太过则颜色发黄，气味淡薄；蒸不熟则颜色发青，点茶时不易起沫，还会出现青草或桃仁之气。

榨茶。蒸好的茶被称作“茶黄”，需要立即用冷水淋洗几次冷却。榨茶分为两步：第一先用小榨去除水分，第二再把茶叶用布包起来，外层束以竹片，大榨去除膏汁。经过一晚压榨，茶中的膏汁才能完全除去，这些膏汁指的是让茶发苦发涩的物质，这时由于入榨时间较长，会出现轻微发酵的现象。

㊀ 一枪一旗，出自《大观茶论·采择》，指一芽一叶的幼嫩茶叶。

㊁ 甑，是中国古代的蒸食用具。底部有许多小孔，放在鬲（lì）上蒸食物。

龙凤团茶 仿制于2020年

研茶。宋人把榨好的茶黄放入陶盆中研磨。摩擦会产生热量，使茶中的水分蒸发、变干，这被称之为“一水”。然后再注水研磨，再干，再注水……如此循环。给皇家最好的贡茶，要研磨至十六水。唐代的饼茶使用捣的方式，成茶多能看见茶纤维，而宋茶经过多次研磨，叶片几乎都变成细末，这为之后的磨茶点饮带来很大的方便。研茶极消耗体力，十二水以上的团茶，一名壮汉一天也只能研磨一饼。

造茶。研好的茶从研盆中取出，通过揉搓使其变得细腻均匀，然后放入模具中。这些模具有圆有方，图案有龙有凤。

过黄。制成的饼茶，先用大火烘焙，再以热气熏蒸，如此反复三次，最后再烘一宿。第二天用温火复烘。焙火时间的长短，要根据团饼茶的厚薄而定。最高级的贡茶甚至要连续焙火十五个晚上。焙火完毕，还要用热水在茶饼表面轻沾一下，迅速再放入密室狂扇，这样操作就会得到一饼色泽光洁的上好团茶。

范仲淹曾经写过一首诗《和章岷从事斗茶歌》，可以算是一部活色生香的采茶、制茶、斗茶纪录大片。全诗共二十一联 289 个字，一气呵成，生动有趣，读来酣畅淋漓。这首诗涉及了茶叶的产地、采摘、制作、斗茶、茶文化等多方面内容，一写出来就成了脍炙人口的佳作。我们从诗人的笔下，再感受一遍史上最尊贵茶的诞生。

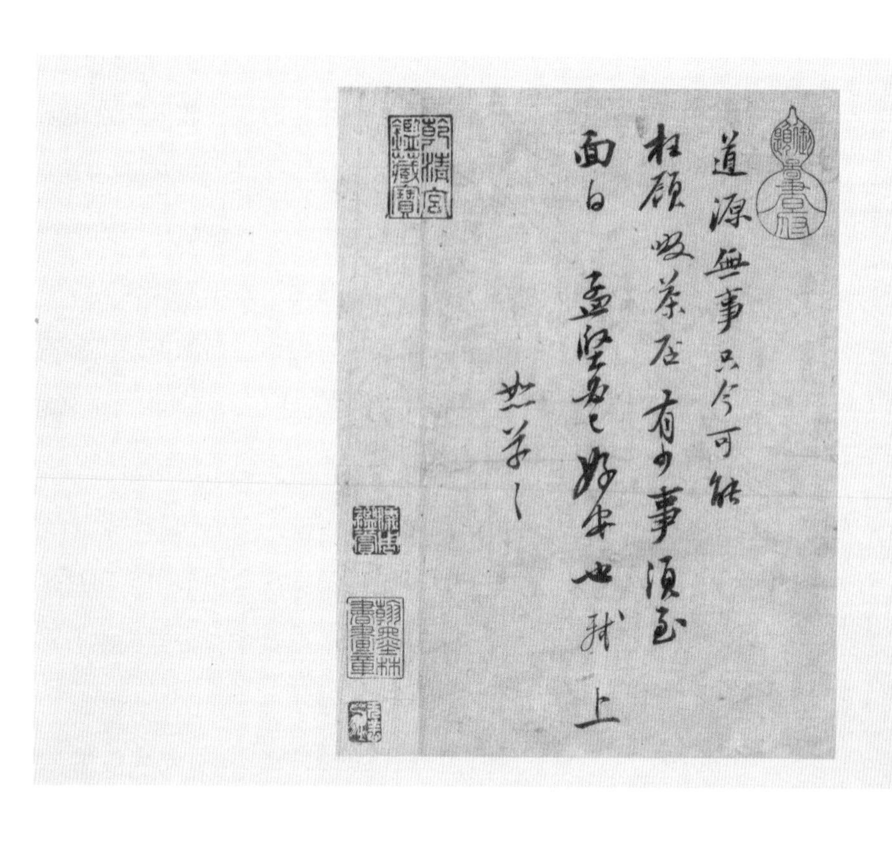

吁嗟天产石上英，论功不愧阶前蓂。
众人之浊我可清，千日之醉我可醒。
屈原试与招魂魄，刘伶却得闻雷霆。
卢仝敢不歌，陆羽须作经。
森然万象中，焉知无茶星。
商山丈人休茹芝，首阳先生休采薇。
长安酒价减百万，成都药市无光辉。
不如仙山一啜好，泠然便欲乘风飞。
君莫羡花间女郎只斗草，赢得珠玑满斗归。

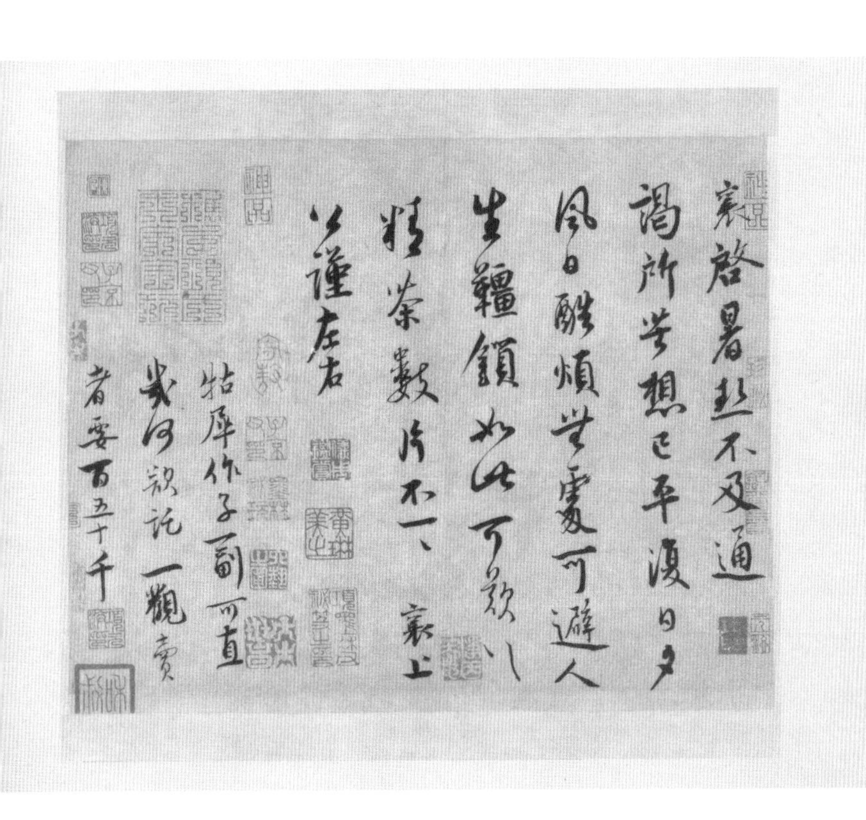

年年春自东南来，建溪先暖冰微开。
溪边奇茗冠天下，武夷仙人从古栽。
新雷昨夜发何处，家家嬉笑穿云去。
露芽错落一番荣，缀玉含珠散嘉树。
终朝采掇未盈襜，唯求精粹不敢贪。
研膏焙乳有雅制，方中圭兮圆中蟾。
北苑将期献天子，林下雄豪先斗美。
鼎磨云外首山铜，瓶携江上中泠水。
黄金碾畔绿尘飞，碧玉瓯中翠涛起。
斗茶味兮轻醍醐，斗茶香兮薄兰芷。

诗的前几句，描写的就是采茶制茶的过程。贡茶建茶，产自北苑，这种“奇茗”被看作是武夷仙人古来的馈赠。当时被称为正焙的核心产区壑源、凤凰山一带，临近建溪口，建溪因此成为重要的运输途径。每年春天来临，建溪水一解冻，忙碌的采茶季就开始了。

惊蛰春雷发动，家家户户开始上山采茶。这时候的茶才刚刚露出一点点的芽骨朵儿，像晶莹的小玉珠一样。茶工们采一个早晨，也铺不满裙边儿，即便如此，他们也必须按照规定制式，就地蒸青、研膏，制成团饼茶。

贡茶虽然很早就被进贡到京城，不过北苑的茶农还是近水楼台先得月，早早地就开始了民间的斗茶。烹水的茶鼎用首山铜，这句是形容斗茶茶器的珍贵，《史记・封禅书》记载：“黄帝采首山铜，铸鼎于荆山下”。诗中中泠水被陆羽评为天下第一水，这是来形容斗茶所用水的珍贵。所谓“器为茶之父，水为茶之母”，器与水直接影响到最终茶的品质。斗天下第一的建茶，当然也要选最顶级的器与水。最后用黄金碾子磨成细末，用上好的茶瓯点试。

建茶好到什么程度呢？它的味道如饮甘露，连佛家的灌顶醍醐都不在话下。茶香氤氲，散发出幽幽的兰芷香气，使人身心俱清。

斗胜的人，趾高气扬，就好像成了神仙，志得意满；输的人像打了败仗的将军，仿佛给人生带来了巨大的耻辱。茶之一物给人们生活带来了无穷乐趣，其功劳完全可媲美尧帝时期的仙草。

要说起茶的作用，那可太大了，祛襟涤滞、致清导和。屈原喝了魂安，刘伶喝了解醉。商山丈人[一]、首阳先生[二]，这些隐居在深山的人，如果有茶喝，就不必忙着去茹芝、采薇。卢仝作《七碗茶歌》，陆羽写《茶经》，本来是雅事，不过在范仲淹看来，他们则是完全被茶所折服，不得不来称赞。在范仲淹的这首斗茶诗里，向我们展示了茶的另外一种豪迈风范，让人读了荡气回肠。

诗人把茶对社会经济的影响也浓浓地写上了一笔。新茶一上市，马上就对整个国民经济产生了重大影响。人们的注意力都集中到新茶上，酒市、药市以往这些繁荣的交易市场都显得冷清起来。

诗人感叹，千好万好，不如啜上一口茶好，那才是真正的神仙生活。以往，民间的女子们都喜欢斗百草，赢家可以获得大量的财富，现在，男子有了点茶斗茶的喜好，再也不用去羡慕她们了。

㈠ 商山丈人，即“商山四皓”。秦末，东国公、角里先生、绮里季、夏黄公四人隐于商山。

㈡ 首阳先生，伯夷、叔齐隐于首阳。

现磨现饮的先锋

欲将雀舌成云末
三尺蛮童一臂旋

现代人喝饮品，多讲究现做现饮。果汁要鲜榨的，豆浆要现打的，咖啡一定要现磨的。这样做，一来材料新鲜，二来也可以避免因储存不当导致的异味，可以最大限度地畅享本真滋味。

在宋代，现磨现饮是士大夫们点茶的标准流程。

《墨客挥犀》里有个故事。蔡襄应朋友蔡叶丞的邀请到府上共品小龙团。俩人落座言欢，家人则去准备点茶。等待期间又有一位新客不期而至。过了一会儿，家人将点好的小龙团茶奉上。谁知道蔡襄只喝了一小口便说："这茶不纯，肯定混了大龙团"。蔡叶丞听罢十分惊讶，连忙叫人来查问。

原来家人本已磨好两份小龙团茶，正准备点茶之时，又新添了一位客人，如果现磨出一份则需要很长时间。措手不及之下，家人取出一些以前磨好的大龙团茶混入其中，以期蒙混过关。没想到蔡襄鉴茶精绝，一喝便知。蔡叶丞自此对蔡襄的辨茶能力佩服得五体投地。

古人的记载经常提到用龙团凤饼现磨现饮，但大家不要以为宋代磨茶原料就只有团饼茶，郑刚中的《北山集》里记有一则关于草茶研磨的故事：

“邻有叟，置石磨一小枚於壁角灰壤之下，余偶见之，其形制虽甚拙，然石理温细可喜。问叟何以弃之，则曰大不堪用。每受茶，磨傍所吐如屑。余假而归，洗尘拂土。翌日，用磨建茶，则其细过於罗碾所出者。又取上品草茶试之，亦细，独磨粗茶，则如叟言也。盖石细而利，茶之老硬者，不与磨纹相可，故吐而不受材。叟无佳品付之，遂以为不堪用，而与瓦甓同委。呜呼器用之不幸，亦如是耶！”

一位老翁拥有一个小型石磨，但是他只有比较粗的草茶，小磨无法磨细粗茶的老硬部分，研磨效果不佳，因此被弃。作者得到小磨后，使用团饼建茶研磨，效果优于罗碾。再尝试用上品草茶研磨，也得到很细的末茶。作者由此感叹到，好磨必须与好茶相配，才能相得益彰。

元代王祯的《农书》中也有记载：“然末子茶尤妙。先焙芽令燥，入磨细碾，以供点试。”这明确说明当时已经用芽状草茶研磨成末。

日本自中国南宋时期学得点茶后的600多年中，抹茶也都是以碾茶、薄

叶的形态流通于市面的，需要在点茶前现磨成末。至于大家现在去日本旅行，可以很方便买到粉末状抹茶，这也就是近几十年的事情。

拥有好茶磨，在宋代是件不容易的事。南安军上犹县石门堡小逻村出产一种坚硬的石头，做出来的上等茶磨被称作“掌中金”，价值五千钱。这种高级石磨在磨茶的时候，粉末会从上下磨盘的缝隙中飞出，细腻均匀如雪片一般。

不论是团茶还是草茶，都必须磨成粉末才可点茶。有茶磨的人家自然可以随时磨茶享用，而一般的百姓家是买不起贵重石磨的。另外，当时也还有很多茶坊一类的营业场所，对末茶的需求量巨大，他们纵使有小磨也加工不及。这就需要有像加工粮食般那样的大磨了，宋代的一种特殊职业——“茶磨户”也因此诞生。《宋会要辑稿》里记载“自来磨户变磨末茶，成袋出卖，多有客贩往淮南通、泰州”。汴京一带水利很发达，茶商出钱承包了大多数的水磨，日夜不停地磨茶，这才能供得上京城内外的茶客们吃茶。

不过这种提前磨好的茶，终是不敌现磨的末茶。受当时条件限制，末茶在长期保存中很容易受潮、串味，颜色、味道都会发生损坏。

对于长期存放的“经年茶饼”，古人通常会先用沸水浸泡一下，待表层吸水变软后用刀刮去，以清除异味，然后放在火上灼烤干透再进行磨制。如果是当年的新茶，则不必进行这个步骤。

今天，团饼茶几乎很难见到，我们多用草茶来磨研。

当代六大类茶的丰富程度大大超过宋代。这些茶是否都可研磨成末进行点茶呢？研磨过程中又需要哪些技巧？

理论上来说，茶都可以磨末点饮，不过结合宋代点茶的特殊性，要考虑以下几点：

第一，磨出来的末茶要能击拂出沫饽。宋代点茶追求的就是美丽汤花，如果不起沫饽就缺少了核心意趣。从经验上来讲，树种、山场、工艺三者中，对起沫影响较大的因素是制作工艺。

第二，茶原料必须干净。宋代的茶树种植过程中肯定还没有化肥、杀虫剂等化学产品，按今天的概念来说，茶绝对是有机的。由于点茶法中茶叶是完全吃下肚的，所以当代选择草茶原料的时候，务必先要做到没有农残污染。

第三，要选择制作环节干净的草茶。茶除了原料有保证，制作环节的洁净也不能忽视。像有渥堆[一]工艺的黑茶，这类茶中微生物和灰尘等很容易超标，选择时必须慎重。

第四，尽量选择新茶。如果有老茶，一定要查看茶的存放状况，注意是否出现发霉、异味的现象。

近些年，磨制了上百种茶品，大致将一些经验总结如下：

绿茶类：不是所有的绿茶研磨后，都能点出浓厚沫饽，哪怕是相同大产区的茶叶，都会存在差异。一般来说蒸青、烘青茶起沫情况会优于炒青。高级春茶多带有毫[二]，富含氨基酸，让茶汤口感鲜爽，但毫基本上无法磨断，手工过罗的时候易被滤去，殊为可惜。

白茶类：晒青茶，非常适合磨末点茶，滋味和沫饽均好。银针、高等级白牡丹通常带毫较多，和绿茶同理，要考虑过罗时产生的浪费。老寿眉磨茶滋味尤佳。

㈠ 渥堆，黑茶制作过程中的一道工序，属于发酵工艺中的一种。

㈡ 毫，茶叶芽尖上面细小的绒毛，也叫茶毛。

抹茶

黄茶

绿茶

白茶

黄茶类：在炒青绿茶的基础上增加了闷黄工艺，我曾磨试有一款蒙顶黄芽[一]效果相对不错。黄茶本身种类很少，欢迎大家多寻找尝试。

红茶类：全发酵茶，多个产地的红茶均有不错的起沫效果，不过重发酵的茶，汤色一般会发黄。注意选择大厂产品，以保证制作过程的清洁。

黑茶类：后发酵茶，起沫效果大多良好。要特别注意原料的干净程度。灰尘、微生物超标的茶绝对不建议磨制。熟普洱效果与一般黑茶近似。生普

[一] 蒙顶黄芽，芽形黄茶之一，产于四川蒙顶山。

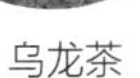

乌龙茶

红茶

老茶

黑茶

洱的工艺目前较为多样，炒、晒、烘多种杀青方式都有。制作工艺及存茶年份对是否起沫影响较大。山场、树种、树龄对滋味的影响可以更明显体验到。

乌龙茶：制作工艺最为复杂，摇青、焙火、山场、树种、发酵程度千变万化，不可一概而论，一般来说发酵重者优于轻者。重发酵的东方美人效果很不错，蜜香颇具特色。岩茶中有款石乳，点出的沫饽如石头中流出的牛奶。铁观音建议选择传统焙火工艺的茶品。

末茶制作终极武器

前人初用茗饮时
煮之无问叶与骨
浸穷厥味白始用
复计其初碾方出
计尽功极至于磨
信哉智者能创物

明代以前，国人饮茶的主要形态是末状茶，不论使用的方法是煮茶法、煎茶法还是点茶法。

末茶在三国时即已出现。唐代陆羽开始对末茶有了细致要求。《茶经·五之煮》“候寒末之”这条下面的注解里提到：“末之上者，其屑如细米；末之下者，其屑如菱角。”《茶经·六之饮》里又提到：“碧粉飘尘非末也。”唐人要求末茶不能磨得太粗或太细，如细米大小最好，这是煎茶法的技艺所要求的。

宋朝点茶法盛行，茶汤直接以热水冲点，末茶开始要求越细越好。

宋初丁谓已经开始注意到这个问题，其《煎茶》诗曰：“罗细烹还好。”蔡襄著《茶录》时说：“罗细则茶浮，粗则水浮。”末茶越细，越容易浮起

《听琴图》 北宋 赵佶

和水融为一体。徽宗的《大观茶录》更说："惟再罗，则入汤轻泛，粥面光凝，尽茶色。"要多罗几次，则细细的末茶就可以轻泛在茶汤表面，形成像粥一样光滑细腻的沫饽。

《茶经》里列出二十四组约三十件茶器具，涉及生火、煮茶、碾罗茶、盛储器、清洁用具等八大类。宋代的茶具虽然减少了很多，但相对凸显了对末茶处理的重视。《茶具图赞》中，与磨茶相关的器具占了一半之多。

对于磨茶工具的发展，从苏轼咏茶磨的诗《次韵黄夷仲茶磨》中可以略窥端倪。"前人初用茗饮时，煮之无问叶与骨。浸穷厥味臼始用，复计其初碾方出。计尽功极至于磨，信哉智者能创物。"诗里提到研磨用的茶具，按发展顺序大概有三类：茶臼、茶碾、茶磨。它们在《茶具图赞》里分别对应：木待制、金法曹、石转运。

古人最早粉碎茶的工具就是茶臼。三国《广雅》中记载"荆巴间采茶作饼，叶老者，饼成，以米膏出之，欲煮茗饮，先炙，令赤色，捣末置瓷器中……"茶臼到

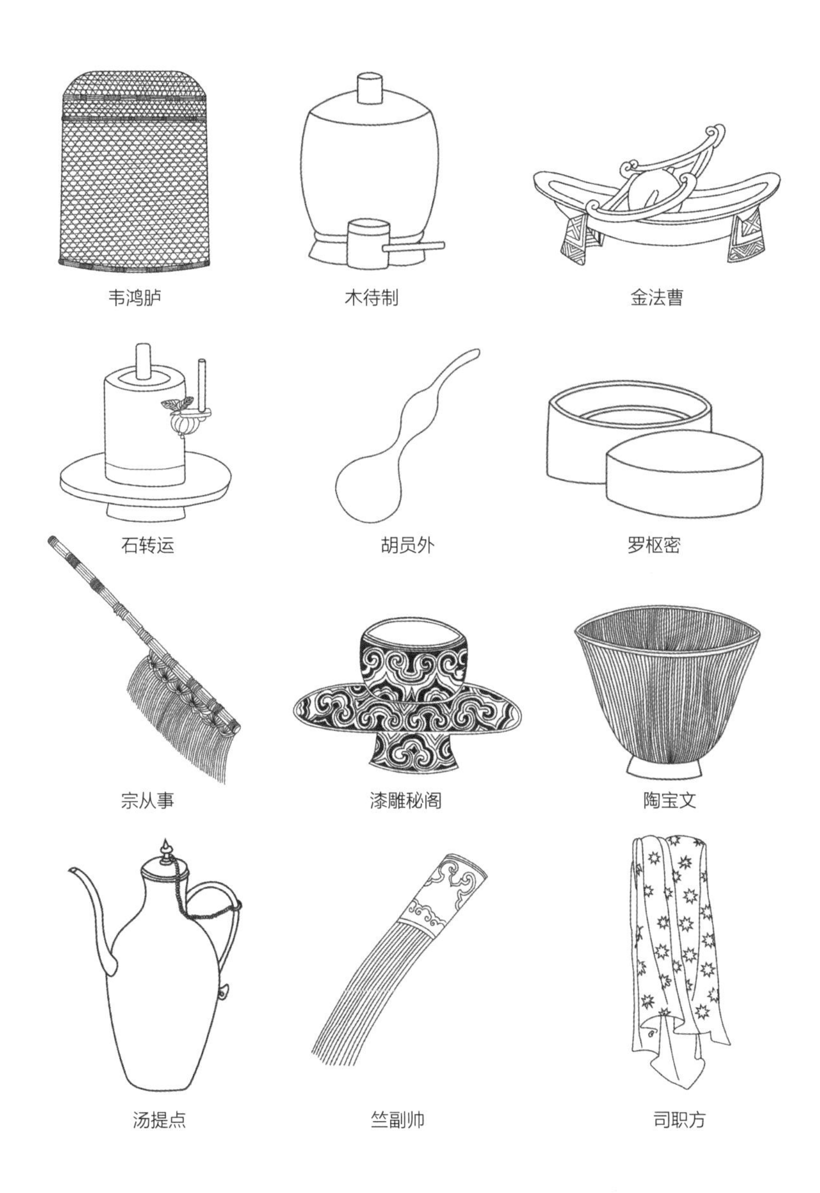
韦鸿胪
木待制
金法曹
石转运
胡员外
罗枢密
宗从事
漆雕秘阁
陶宝文
汤提点
竺副帅
司职方

唐代还一直是捣末的主要工具。柳宗元有诗“山童隔竹敲茶臼”，就是记录了山居岁月的惬意茶事。

在宋代，煎茶法长期与点茶法并行，许多文人认为这颇有唐风古意，茶臼捣末也还在继续使用。林希逸有诗“忽闻茶臼响，正隔竹窗敲”，敖陶孙写过“梦捣风前茶臼声”。身为苏门四学士之一的秦观，还专门写过咏茶臼的诗《茶臼》：

幽人耽茗饮，刳木事捣撞。
巧制合臼形，雅音侔柷椌。
灵室困亭午，松然明鼎窗。
呼奴碎圆月，搔首闻铮鏦。
茶仙赖君得，睡魔资尔降。
所宜玉兔捣，不必力士扛。
愿偕黄金碾，自比百玉缸。
彼美制作妙，俗物难与双。

木待制

利济　忘机　隔竹居人

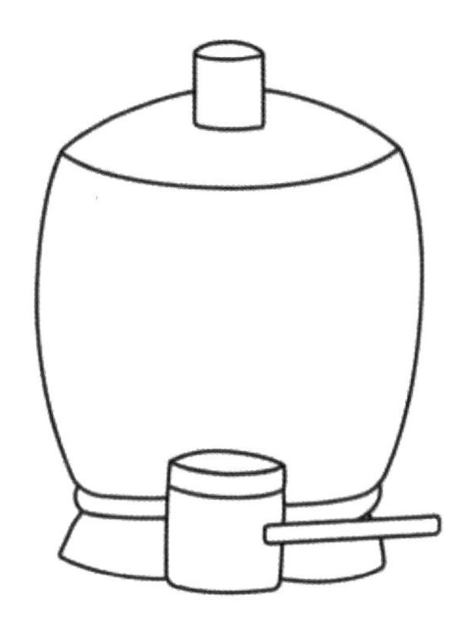

赞曰：

上应列宿，万民以济，

禀性刚直，摧折强梗，

使随方逐圆之徒，不能保其身，

善则善矣，然非佐以法曹，

资之枢密，亦莫能成厥功。

茶臼和我们现在捣蒜、捣辣椒用的捣臼效果差不多。

茶臼在《茶具图赞》中对应的木待制在使用的时候，先将团饼茶放入木臼中间的空心中，再插入木柱，然后以木槌击打木柱粉碎茶饼。

随着人们对末茶加工细度要求的提高，开始出现和茶臼配套使用的茶碾。人

《五百罗汉图》（局部） 小鬼碾茶

们通常将木臼砸碎的茶，再放入茶碾中碾磨。《五百罗汉图》里画有一位专门碾茶的小鬼，它正奋力快速推动碾轮，茶碾旁边，就是木待制，这说明在当时茶臼和茶碾已经是老搭档了。

《茶经》记载："碾以橘木为之，次以梨、桑、桐、柘为之。内圆而外方，内圆，备于运行也，外方，制其倾危也；内容堕而外无余木。堕，形如车轮，不辐而轴焉。长九寸，阔一寸七分，堕径三寸八分，中厚一寸，边厚半寸，轴中方而执圆。"

茶碾有木、瓷、石及金属等材质。《大观茶论》中徽宗认为茶碾的最佳材质是银。"碾以银为上，熟铁次之。生铁者，非淘炼槌磨所成，间有黑屑藏于隙穴，害茶之色尤甚。"法门寺地宫曾经出土了一套皇家御赐的银鎏金茶碾，錾刻有精美的飞马纹，给了我们直观的展示。

唐宋茶碾都很盛行，宋代茶碾的样子也没有发生太大变化，不论是诗词、绘画都多有记载，如王庭珪“黄金碾入碧花瓯，瓯翻素涛色”，张纲“茶碾新芽试一旗”，黄庭坚“要及新香碾一杯”。

茶磨的出现相对晚一些。点茶对末茶细度要求越来越高，随之终于推出了这款“终极武器”，“计尽功极至于磨”，茶磨粉墨登场。

茶磨一般都是石头做的。朱权《茶谱》说，“磨以青礞石为之，取其化痰去热故也。其他石则无益于茶”。青礞石是一种中药材，广泛分布于我国江苏、浙江、河南、湖北、湖南、四川等地，具有坠痰下气，平肝镇惊之功效。石头的导热效果差，这可有效防止研磨时茶叶升温影响品质。

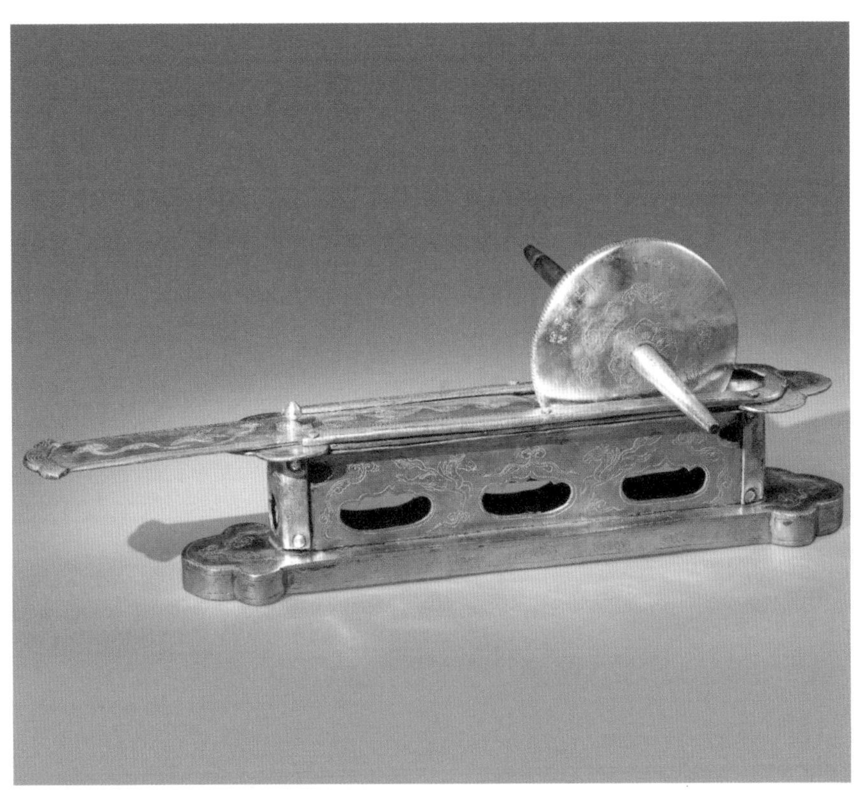

鎏金鸿雁纹银茶碾　唐　法门寺博物馆藏

金法曹

研古　轹古　元锴　仲铿　雍之旧民　和琴先生

赞曰：

柔亦不茹，刚亦不吐，

圆机运用，一皆有法，

使强梗者不得殊轨乱辙，岂不韪欤。

石转运

《撵茶图》（局部） 南宋 刘松年

石转运

凿齿　遄行　香屋隐君

赞曰：

抱坚质，怀直心，啖嚅英华，

周行不怠，斡摘山之利，操漕权之重，

循环自常，不舍正而适他，虽没齿无怨言。

茶磨有大有小，大的需要用水利机械带动，小的则被称为“掌中金”。相对大茶磨来说小茶磨价值是较高的精品石磨，也被皇家当作赏赐的物品。

推磨磨茶是一个非常有趣的过程，梅尧臣写过一首《茶磨》诗：“楚匠斲山骨，折檀为转脐。乾坤人力内，日月蚁行迷。吐雪夸春茗，堆云忆旧溪。北归唯此急，药臼不须挤。”诗人以磨茶为喻，对人生进行了探讨。石磨上

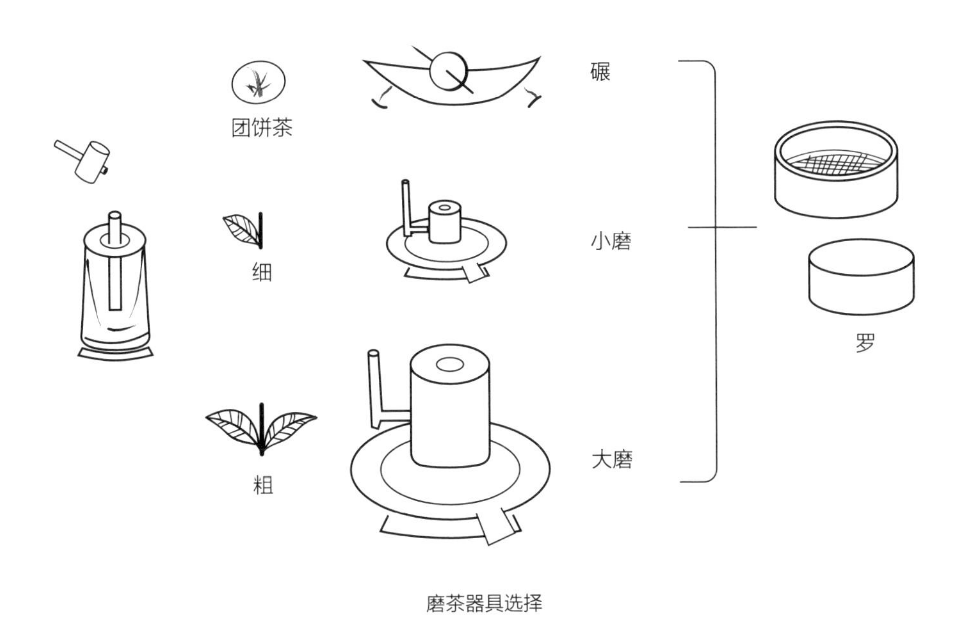

磨茶器具选择

下的两个磨盘代表了天地乾坤，以人力转动运行，茶在其中譬如日月星辰斗转，久而久之，入忘我之机。

茶臼、茶碾、茶磨依次登场。茶臼最早，茶磨到宋朝时大放光彩。三者分工协作，用来针对不同原料使用。

团饼茶，使用臼碾一套或小型石磨。

上好草茶，可使用小型石磨。

粗茶，需使用大型石磨。

明代，随着点茶法的式微，叶茶瀹泡法大兴，三者无处可用，悄然携手退出茶的舞台，淹没在历史的长河中。

胡员外的秘密

郁结之患悉能破之
虽中无所有而外能研究

《茶具图赞》中一共记录了点茶法使用的十二种最主要茶具，作者自称审安老人。关于审安老人到底是谁，至今还无法确认，众说纷纭。

书的内容使用了拟人手法，我们从前文中已经感受到了。他把十二件茶具描述为十二位先生，有名有姓有字，还有传记赞词。姓多代表材质或制作工艺。官职则是用其职能或谐音来描述使用功能，名、字、赞做进一步的辅助说明，让人一目了然。

《茶具图赞》的作者是谁虽然稀里糊涂，但十二位茶具先生却写得清楚明白、活灵活现、生动有趣。

书中记有配合磨末的工具七种，超过总数的一半，重视程度可见一斑。

韦鸿胪负责烘茶，属于藏茶器具前面提到的木待制、金法曹、石转运则是主力磨茶工具。

另外还有三种辅助工具胡员外、罗枢密、宗从事。

韦鸿胪

文鼎　景旸　四窗闲叟

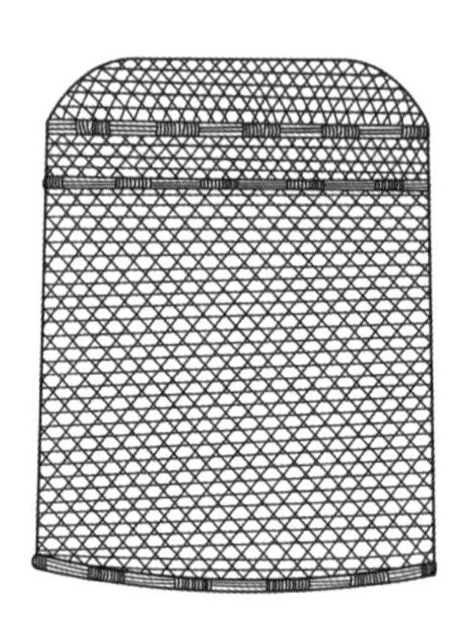

赞曰：

祝融司夏，万物焦烁，火炎昆岗，玉石俱焚，尔无与焉。乃若不使山谷之英堕于涂炭，子与有力矣。上卿之号，颇著微称。

我们先说罗枢密。

古代抓鸟的网叫罗，我们常用一个成语“天罗地网”。罗，可以理解为是一种细的筛网。此物名“若药”，这是说它在中药制作过程中，也会经常用到。

法门寺地宫出土的唐代茶具中，就有一件罗盒。而在宋明几本著名的点茶书中，也都提到了罗，这是一件获取末茶必不可少的器具。

鎏金银罗盒　唐　法门寺博物馆藏

《茶录》云“茶罗以绝细为佳。罗底用蜀东川鹅溪画绢之密者，投汤中揉洗以幂之”。

《大观茶论》云“罗欲细而面紧，则绢不泥而常透”。

《茶谱》云“茶罗，径五寸，以纱为之。细则茶浮，粗则水浮”。

从这些资料看，过去的茶罗多使用细绢纱作为过滤面，蔡襄专门提到要用四川鹅溪的织绢。宋徽宗还说：“罗必轻而平，不厌数，庶已细者不耗”。罗的面一定要绷紧，而且可以多过滤几次，才不会浪费。罗决定了末茶的细腻程度，直接影响茶汤质量。

罗枢密

罗枢密

若药　传师　思隐寮长

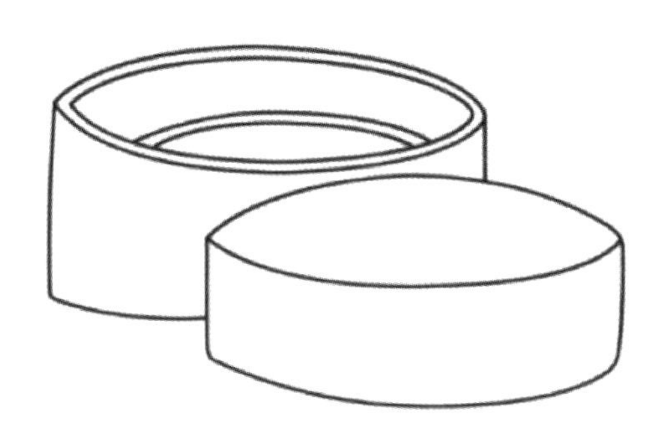

赞曰：

机事不密则害成，今高者抑之，下者扬之，使精粗不至于混淆，人其难诸，奈何矜细行而事喧哗，惜之。

当代的罗，有一个计量单位：目，这是指每平方英寸筛网上的孔眼数量，数字越大，说明孔眼越密。一般来说，手工磨茶的目数达到400~500目即可，品饮的时候就不会感觉到有颗粒感了。

如果说木待制、金法曹、石转运的作用是粉碎茶，罗枢密的作用是筛茶，那为什么在他们之间，增加了一个胡员外呢？胡员外和研磨茶有什么关联吗？

纵观当代学者、茶人对胡员外的解释，绝大多数人认为这是一件“水瓢”㊀。

我国自古就有使用葫芦做容器的习惯。早在战国时期，庄子就说过一个乘大葫芦浮游江湖的故事㊁。《茶具图赞》里说胡员外名唯一，字宗许，号贮月仙翁，这也是和盛水器的三个典故有关。“唯一”说的是颜回㊂，一箪食一瓢饮；“宗许”说的是许由挂瓢绝俗㊃；“贮月仙翁”更是来自同时代苏东坡的《汲江煎茶》诗句“大瓢贮月归春瓮”。如此看来，把胡员外当作水瓢理所应当。但是，在研磨具和罗筛之间放入一个盛水器不是很奇怪吗？

㊀ 水瓢，用对半剖开的葫芦做的舀水工具。

㊁ 《庄子·逍遥游》中有一个“大瓠之用”的故事。

㊂ 颜回，孔子的七十二贤中最杰出的弟子。

㊃ 出自汉蔡邕《琴操·河间杂歌·箕山操》中的许由弃瓢。

我们从赞词中发现了一些端倪。“周旋中规而不逾其闲，动静有常而性苦其卓，郁结之患悉能破之，虽中无所有而外能研究，其精微不足以望圆机之士。”这完全不像是对水瓢的描写，倒像是在说一件研磨之器。“周旋中规”是说胡员外是在一定范围内转动的，“中无所有而外能研究”是说葫芦中心是空的而外皮可以研磨，“郁结之患悉能破之”更是点明葫芦的主要作用是粉碎末茶中形成的板结茶块，“精微不足以望圆机之士”也告诉我们葫芦的研磨水平不可以与茶磨相提并论。

在宋代笔记小说里，也清晰地记载了一则蔡襄与葫芦的故事。蔡襄听说襄邓之间，有一位僧人收藏有一件特别精美的葫芦，于是他前往观赏，并问僧人“可研茶乎？”僧人吃惊地回答：“这个葫芦是把玩的，怎么可以用来研茶呢？恐怕会有损坏。”蔡襄于是叹息，有瓢不可研茶就像世上徒有虚名而无实用之人。由此可见，葫芦在彼时，确实曾被当作研茶器具，胡员外是辅助型研磨器无疑。

这样，《茶具图赞》的安排就合理了，茶臼、茶碾粉碎团茶，茶磨粉碎草茶，葫芦研磨郁结之茶，之后统一用罗进行筛取。

宗从事就比较容易理解了，它是磨茶过程中，扫取茶末的器物，不做过多解释。

赞曰：

周旋中规而不逾其间，动静有常而性苦其卓，郁结之患悉能破之，虽中无所有，而外能研究，其精微不足以望圆机之士。

胡员外

唯一　宗许　贮月仙翁

宗从事 子弗 不遗 扫云溪友

赞曰：

孔门高弟，当洒扫应对事之末者，亦所不弃，又况能萃其既散、拾其已遗，运寸毫而使边尘不飞，功亦善哉。

自己手工磨茶，需准备好如下器具，我们以寿眉级别白茶为例：

捣臼，一个。

罗，30 目及 500 目各一个。

石磨，一个。

茶刷，两把：1 号茶刷、2 号茶刷。

其他辅助物品：茶勺、茶巾等。

碎茶

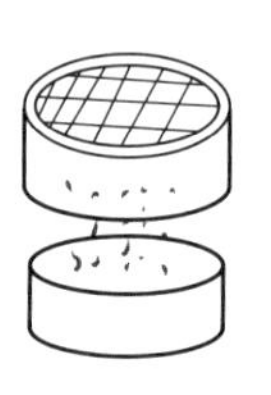

过粗罗约 30 目

磨制

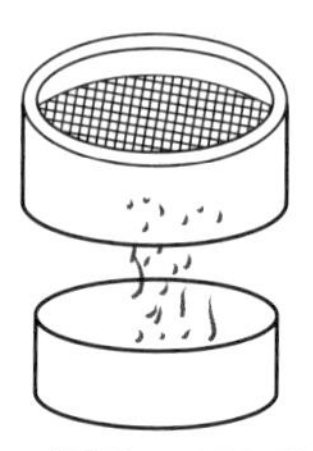

细罗> 400 目

茶合

当代草茶研磨流程参考

磨茶第一步　捣茶

磨茶第二步　过罗　图中是初步过罗的碎茶

磨茶第三步　磨茶

磨茶步骤如下:

第一步，捣草茶。将适量寿眉级白茶放入石臼中，先用捣棰上下轻捣，将大片叶子基本粉碎，再沿臼底旋转研磨，使碎末更加细小。

第二步，过罗。将碎茶置入 30 目罗中过筛。通过粗罗的碎茶，放入石磨等待下一步研磨。没有通过的，拣去明显的茶梗，余茶可重复捣、罗一遍。最终还是没有通过的碎茶，大多是粗纤维叶子、茶梗，可另外装好供日后泡饮使用。

第三步，磨茶。将过罗得到的碎茶从石磨孔道置入，转动石磨。旋转力量要均匀，速度根据出末状况进行增减，随时关注孔道中碎茶的状况。待全部碎茶磨好后，使用

1 号茶刷将茶末扫入 500 目罗中。

第四步，清洁茶磨。将上磨盘移开，用 1 号茶刷轻轻将上下磨盘的孔道清理干净。如果孔道内残留茶末，一旦受潮会将上下磨盘粘连，无法转动。

第五步，罗茶。由于 500 罗的罗筛孔隙极小，一般仅靠抖动是无法顺利筛取末茶的。可使用 1 号茶刷配合在茶罗表面轻压，帮助茶末通过罗筛。

第六步，装茶。使用 2 号茶刷，将达到 500 目标准的末茶收纳好，标注好名称。没有达到标准的茶末，可以用于日常练习，也可用作泡茶。但是使用这种茶末泡茶，投放量要少，而且出汤务必要快。

手工磨茶损耗普遍大于机器磨茶。日本抹茶使用碾茶研磨，在手工研磨前就已经拣选出茶梗、粗叶、黄片等杂质，保证了原料的纯、细，非常利于研磨。我们当前的六大类茶草茶，原料状况不一，要特别注重前两步的碎茶处理过程，挑拣出不利研磨的粗纤维物质。一般原料越粗，细末获取率越低，黑茶类通常不会高于 30%。

茶碾过去主要用于团饼茶。团饼茶在制作时，就已经研磨得非常细腻，茶碾对其粉碎即可。茶碾很难磨断茶叶的纤维，所以我们磨叶子茶时应尽量使用石磨。如果有条件，根据原料细嫩程度，可以选择大小、重量不同的石磨。

磨茶过程中会有极细的茶粉尘飘出，建议大家佩戴口罩。

茶是染色剂，遗洒在家具、地面的茶末，建议使用湿纸巾擦除。如果使用抹布擦拭，茶会将其染色。

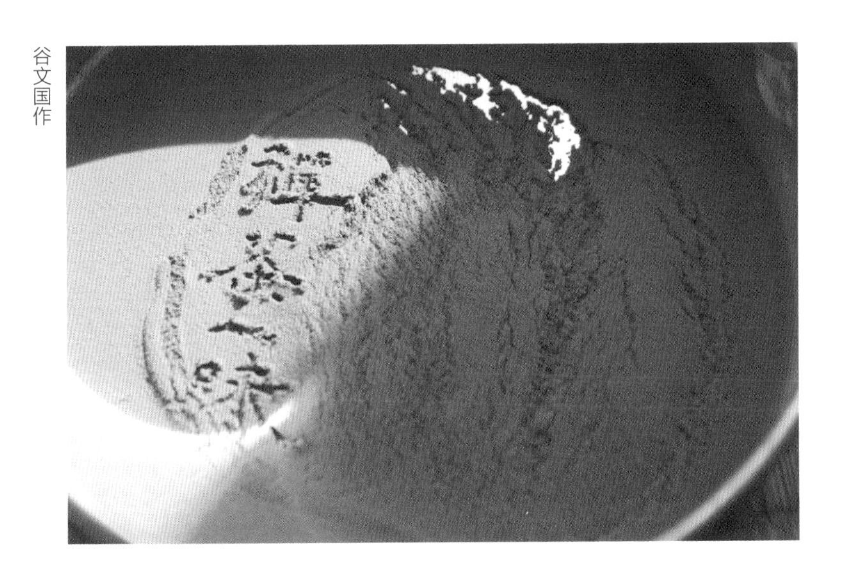

谷文国作

末茶与抹茶

方寸匙二三匙
多少随意
极热汤服之
但汤少为好
其亦随意
殊以浓为美

大家去日本旅行的时候，经常会参加日本茶道的体验吧？那绿油油的抹茶带来的视觉冲击力，再加上独特的味道，必定会给人留下深刻的印象。

在中国的古书上，并没有“抹茶”字样的出现，只有关于“末茶”的记载。末茶与抹茶发音接近，只是增加了一个偏旁部首，这两者到底是什么关系呢？

点茶传入日本后，最开始日本也像宋人一样使用茶磨研磨末茶。据说是因为用手转动茶磨，所以日本人给“末”字增加了提手旁，称之为“抹茶”。

大正、昭和初期以前（1910 年左右），日本抹茶还多是以碾茶、叶茶的形式流通。直到近几十年，“抹茶”二字才出现在商品价目表上。随着科技发展，密封工艺的提升，我们现在去日本旅游的时候，普遍看到的已经是粉末状的“抹茶”商品了。

日本公益财团法人“日本茶业中央会”最新提出了抹茶的定义：

覆下栽培的生叶	未经揉捻直接干燥制成碾茶	以茶磨磨成粉末状绿茶
覆香——覆下栽培：覆下栽培是指在茶园的上方，搭棚、遮帘、盖草，遮光率高达95%~98%，阻碍光合作用，阻止茶叶中的氨基酸类物质转化成儿茶素，避免生成太多苦涩物质。中国的绿茶不使用这种遮蔽方法，粉末颜色多为浅绿近白，而日本抹茶则多是嫩绿、翠绿。	焙炉香——烘焙炉：鲜叶绝对不能揉捻，使用堀井式碾茶炉直接烘焙干燥，会产生独特香气。这样制出来的叶状抹茶原料也被称为『碾茶』。	臼挽香——石磨粉碎：用石磨对碾茶进行粉碎，研磨产生香气。不过，日本茶业中央会也开始承认粉碎机制造的产品了，毕竟手动石磨甚至是电动石磨的产能有限，抹茶供不应求。

这三个要求，其实对应了抹茶三个核心的特殊香气产生的要素。

另外，如果达到“抹茶”标准，原料必须使用“一番茶、二番茶”，也就是当年春天第一次、第二次采摘的茶。其他时候采摘的原料，即使满足了上面三个制作要求，也不可以算作抹茶。

除上之外，日本还有大量的茶被制成粉末茶。比如原料不是一番茶、二番茶；或者生叶蒸青后，经过揉捻加工后干燥的 Moga㊀茶。它们广泛被用作“加工用抹茶”，或者“食品用抹茶”，等等。我们经常吃的抹茶糕点、抹茶冰激凌、抹茶饮料，基本上都会使用这种原料。

它们都不是真正意义上的茶道“抹茶”，只是属于“绿茶粉末”，购买的时候可千万注意，两种价格相差悬殊。

值得一提的是，日本目前还有不少的茶店，会放置一些石磨，供客人体验现场磨茶的乐趣。希望

㊀ Moga，加工用抹茶的粉碎原料的统称。

日本茶店供游客体验的石磨

《祖师图》 日本 室町时代 狩野元信（传） 东京国立博物馆藏

大家有机会可以尝试。

一句话概括，我们可以把抹茶看作:

一种有特殊制作标准的末茶。

古代的日本没有原生茶树，茶是从中国传过去的，历史上经历了三次重大的传播。

最早的一次是在唐朝。日僧空海、最澄、永忠等从中国学法回国，带回了茶籽、茶器及茶法。不过，这次传播范围极小，茶仅在日本贵族和高级僧侣之间流传，没有影响到百姓。

第二次是在南宋时。日僧荣西、圆尔辨圆、南浦绍明等将宋代点茶法传回日本，后形成了日本茶道。

第三次是在明末清初，福建黄檗山万福寺住持隐元赴日传法，同时将明朝最新的瀹泡茶法带入日本，后形成日本煎茶道。

南宋淳熙年间左右，荣西和尚从中国嗣法归日。他将带回的茶籽送给拇尾高山寺的明惠上人，种出滋味纯正的茶树，被人们称为“本茶”。1214 年，镰仓幕府第三代将军源实朝酒醉难耐，一夜不解。荣西进茶一碗，将军饮后顿觉神清气爽。荣西同时进献了自己撰写的《吃茶养生记》。将军大赞，自此日本再度兴起饮茶之风。

《吃茶养生记》里阐述的大多是茶的功能，尤其是对健康的益处。

“见宋朝焙茶样，朝采即蒸、即焙。懈倦怠慢之者，不为事也。其调火也，焙棚敷纸，纸不焦样。工夫焙之，不缓不急，竟夜不眠，夜内焙毕，即盛好瓶，以竹叶坚封瓶口，不令风入内，则经年岁而不损矣。”

“方寸匙二三匙，多少随意，极热汤服之，但汤少为好，其亦随意，殊以浓为美。”

这里对宋代末茶制作、冲点方法的细节有了些许描述，这也是点茶法正式传入日本的标志。

陆羽的《茶经》、荣西的《吃茶养生记》、威廉·乌克斯的《茶叶全书》，目前被称为世界三大茶书。

南宋理宗端平二年（1235），日僧圆尔辨圆（1201—1280年）入宋，师从浙江杭州余杭径山万寿禅寺的无准师范祖师。

1241年，圆尔辨圆得法回国，先后创立了崇福寺、承天寺和东福寺三座名刹，开创了日本临济宗东福寺派法系。圆尔辨圆带回了《禅苑清规》一卷，在此基础上制定了东福寺清规。清规中将寺院茶礼列为禅僧日常生活中必须遵守的法度。

祖师同时还带回了径山茶种以及饮茶方法。茶种被栽培在他的故乡静冈县，按照径山茶的制作方法，生产出高端的日本碾茶——抹茶，也被称为“本山茶”。再以后，茶叶栽培技术从静冈开始普及至日本全国。至今，静冈的产茶量占日本总量一半以上。近年来，静冈茶业人士多次到杭州径山寺来祭拜祖师。

理宗开庆元年（1259年），圆尔辨圆祖师的同乡，另一位日本大德赴宋求法，他就是南浦绍明(1236—1308年)，被敕封为“大应国师”。

无准师范祖师塔　径山禅寺

南浦绍明先在杭州净慈寺拜虚堂智愚为师，后来虚堂祖师奉诏前往住持径山万寿禅寺，他也跟随一起到达了径山。

1267年，南浦绍明学成辞山回国，83岁的虚堂祖师知道他必将在日本将禅宗发扬光大。祖师手书偈语赠予南浦绍明，这就是日本禅宗非常有名的、被称为“日多之记”的偈子[一]：

敲磕门庭细揣摩，
路头尽处再经过。
明明说与虚堂叟，
东海儿孙日转多。
（选段）

㊀ 中国僧侣所写蕴含佛法的诗。

南浦绍明对日本茶文化最大的贡献是他带回了七部中国茶典籍和一套点茶用具。在这套用具里包括了：

茶台子（茶具架子）、风炉（烧水用）、茶釜（烧水用）、水罐（盛清水）。

这些都是当时寺院所用之物，这套茶具后来传到位于九州福冈的崇福寺。现在，我们看到日本茶道在点茶烧水时，还是在使用风炉和茶釜。

通过这几位高僧对宋代饮茶文化的输入与传播，点茶法迅速在日本寺院中流行普及起来，并成为定式。这段时间大致是日本的镰仓时代（1192—1334 年），日本从最初大量模仿中国文化，渐渐地开始进入对中国文化的独立反刍、消化阶段。这个时期的日本茶文化也不例外，以寺院为中心，慢慢形成了具有日本本土特色的“寺院茶”时代。

二百多年后，日本茶圣千利休（1522—1581 年）出场，将日本茶道集大成。

点茶法用水有三难，
一是择水、二是候汤、三是注汤。

第一张鉴水榜单

静坐听松风

唐肥宋瘦

请你吃盏富贵汤

二之汤

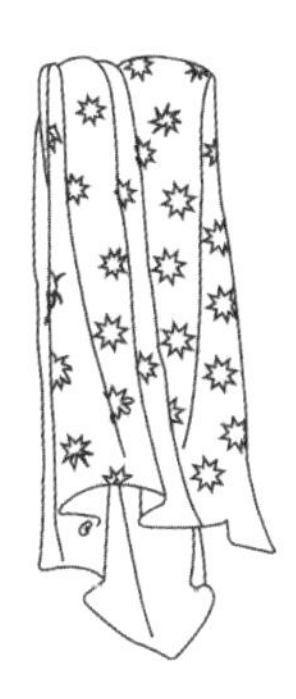

第一张鉴水榜单

独携天上小团月
来试人间第二泉

水为茶之母。

自古以来，饮茶都重视水的使用，无水自然无法行茶，好水则可与好茶相得益彰。

点茶法用水有三难，一是择水、二是候汤、三是注汤。

先说择水。

西晋时期的《荈赋》里就提到“水则岷方之注，挹彼清流”。陆羽对择水确立了详细法则：“其水，用山水上，江水次，井水下。”他对“山水”还做出了进一步说明，这对现代驴友野外生存还很有指导意义。

山里的水，要挑甘美的泉水以及石头池子里缓慢流动的水。

如果是山谷里积蓄的水泽，水虽然很清澈但缺乏流动，若逢夏秋之际可能还会有虫蛇潜伏其中，要喝这样的水，必须先挖开缺口，放走污秽有毒的水，使新的泉水流入，才可以酌情饮用。

江河里的水，要到远离人烟、没有污染的地方取用。

井水则要到大家经常打水的井中汲取。

《茶经》后约 60 年，张又新写了一本《煎茶水记》，里面记载了一件陆羽辨水的神奇逸事。

湖州刺史李季卿在扬州与陆羽相逢后。李季卿盛赞扬子江心南零水和陆羽是天下茶之二妙，千载难逢。于是便命令军士执瓶操舟去取南零水。不一会儿水就取到了。陆羽舀了表面的一勺水说："这水确实是扬子江水，但不是江心水，好像是临岸之水"。军士辩解说："这真的是我乘舟到江心取的，随行有许多人看见，我怎么敢虚报呢。"陆羽也不说话，拿起瓶来直接倒掉一半，再拿勺舀起剩下的水说："这才是南零水"。军士大惊，连忙下跪认罪。原来，他确实是到江心取了南零水，不过快到岸边的时候，船身摇晃撒了半瓶，军士怕不够用，便用岸边的水补满，没想到陆羽鉴水如此神明，震惊四座。这则逸事，在今天听起来依旧被渲染出了几分传奇色彩，看来做茶圣还真得需要点特异功能。

李季卿知道陆羽游历过很多地方，便向陆羽请教各地水的优劣，这就诞生了最早的鉴水榜单。

惠山茶会图　明　文徵明[一]

无锡惠山泉在两张榜单中都名列第二

扬州大明寺水第十二；

汉江金州上游中零水第十三，水苦；

归州玉虚洞下香溪水第十四；

商州武关西洛水第十五；

吴松江水第十六；

天台山西南峰千丈瀑布水第十七；

郴州圆泉水第十八；

桐庐严陵滩水第十九；

雪水第二十，用雪不可太冷。

[一] 文徵明，明代绘画大师、书法大师。

庐山康王谷水帘水第一；

无锡惠山寺石泉水第二；

蕲州兰溪石下水第三；

峡州扇子山下有石突然，泄水独清冷，状如龟形，俗云蛤蟆口水第四；

苏州虎丘寺石泉水第五；

庐山招贤寺下方桥潭水第六；

扬子江南零水第七；

洪州西山西东瀑布水第八；

唐州桐柏县淮水源第九，淮水亦佳；

同文之中，还给出了另外一张刘伯刍[一]的榜单。根据每个人经历不同，体验不同，形成了不同的观点。

扬子江南零水第一；
无锡惠山寺石泉水第二；
苏州虎丘寺石泉水第三；
丹阳观音寺水第四；
扬州大明寺水第五；
吴松江水第六；
淮水最下，第七。

[一] 刘伯刍，唐代大臣。

这两张也算是茶历史上最早的鉴水榜单。之后历代多有达人论水，榜单迭出。

宋徽宗则更进一步提出具体的鉴水标准。他认为好水应该同时具有清、轻、甘、洁四个特质。“清、洁”是共性，是所有优质饮用水的基本要求；“轻、甘”是个性，形成了各地不同水源的特质。

名山好水难得，于是徽宗还给出了日常用水的参考：“古人第水，虽曰中泠、惠山为上，然人相去之远近，似不常得。但当取山泉之清洁者，其次，则井水之常汲者为可用。若江河之水，则鱼鳖之腥，泥泞之污，虽轻甘无取。”

到了清代，基本还沿用这个标准。乾隆皇帝也认为水越轻则表示杂质越少，水质就越好。他下令制作一种称水的银斗，用来称量我国一些著名泉水的重量，结果量出北京西山玉泉山的泉水最轻，指定为宫廷用水，并命名“天下第一泉”，还亲自撰写了《御制天下第一泉记》一文并刻石立碑。

随着地质环境的变化，水质也是在不断发生变化。两个榜单里都列为第二的无锡惠山泉水，泉眼之处现在已经是一座闹市中的公园，不似古时远离人烟的僻静之所，每天游客络绎不绝，泉水也基本干涸不能用了。

点茶择水还要注意水土相宜原则。

“夫茶烹于所产处，无不佳也，盖水土之宜，离其处，水功其半。然善烹洁器，全其功也。”《煎茶水记》说烹茶如果用当地的水，则水土相宜味道最佳，而非原产地的水也就仅能发挥一半茶效。这其实是一个“适合性”的原则，水没有绝对的高低好坏，以适宜茶、能激发出茶性、产生好的味道为佳。善于烹水洁器，才能使茶的特性发挥到极致。

蔡襄经常和苏舜元斗茶，他有上好的团茶，故多取胜。有一次，苏舜元主动来找蔡襄斗茶，并且大获全胜，蔡襄很诧异。原来，苏舜元使用的是新得的天台山竹沥水，而蔡襄用的是惠山泉水。蔡襄虽然茶好，但用水更优的苏舜元却最终取得了胜利。这其中，择水起到了关键作用。

对于当代点茶择水，分享给大家两个经验。

注重水的活力。大家都有体会，用刚打取的山泉活水泡茶口感更佳。同样，山泉水用来点茶，效果也更佳。除了滋味加分，沫饽的生发也明显容易，且更细腻白皙。建议大家点茶多选山泉活水。如果买桶装水，务必要注意保质期。一般来说离生产日期越接近的，活力越好，效果愈佳。

水的软硬度。溶解在水中的盐类物质的含量，即钙盐与镁盐含量越少，我们称为水质越软。北方的水硬度大，含此类物质多，烧水壶很容易出现水垢。点茶时可多选择软水，起沫容易且细腻。南方在这点上，占据了水质优势，用同一款茶进行点试，效果大多优于北方。北方可以适当考虑选用纯净水点茶。

静坐听松风

待得声闻俱寂后
一瓯春雪胜醍醐

候汤，为点茶用水之法第二难。

此汤在点茶中指热水，并不是茶汤。

古人自来注重水的火候。唐宋煎点都主推“嫩汤”。

唐代煎茶法技巧偏重在煎水。

陆羽《茶经》首记“三沸”煎茶。“三沸”原则后来长时期成为茶人候汤烹水的标准。煎茶时使用一种叫“鍑”的器具，鍑口敞开，很容易观察到水的变化。一沸、二沸、三沸，并不是说水沸腾了三次，而是指水在沸腾过程中的三个阶段。

第三沸后的“救沸”即是降温，可暂缓并拖延水的再次沸腾。

“育华”则是指随着末茶的持续煎煮，茶汤中孕育出白色的美丽汤花。

《卢仝烹茶图》（局部） 宋 钱选

第一沸

鱼目

60~70℃

水面沸腾，出现像鱼眼大小的泡泡，听起来微微有声。

这时要向鍑中添加适量的盐，目的是减轻茶汤的苦涩感。

盐须少放，不可使水产生明显咸味。

取出一小部分水尝味，尝过的水要倒掉，弃之不用。

第二沸

涌泉连珠

约 85℃

先舀出一部分水放在旁边降温备用。

使用竹筴搅拌出漩涡，然后向水中投入末茶。

第三沸

腾波鼓浪

约 100℃

水如果长期沸腾，被称为『水老』，水老则不可用。

这时，可将二沸备用之水倒回茶汤中『救沸育华』。

“三沸”煎茶

水第一次煮沸，可先舀出一盏“隽永”[一]，放入熟盂中以备“救沸育华”。煮好的茶汤可以分到碗里饮用，以五碗之内为好。

点茶时，茶已经不与水一起煎煮了，水烧好后直接注入茶盏中点茶。《茶录》依然注重烧水的火候：“候汤最难。未熟则沫浮，过熟则茶沉”。《大观茶论》也继续强调使用嫩水：“凡用汤以鱼目、蟹眼连绎迸跃为度。过老则以少新水投之，就火顷刻而后用。”

随着烧水器具的演变，候汤技巧也发生变化。点茶多用瓶煮水，瓶口小，不易观看到水面，无法像煎茶那样以水的形状辨别火候，因此增加了依靠声音辨别的技巧。

南宋罗大经的《鹤林玉露》详细记载了声辨方法。“砌虫唧唧万蝉催，忽有千车稛载来，听得松风并涧水，急呼缥色绿瓷杯。”水初沸时，听起来好像小虫、秋蝉之鸣；再沸时，似有千辆满载的马车从远方渐至；三沸时，如风吹松林、溪涧流水之音。对于三沸的水，罗大经依旧嫌“老”，建议先放置在一旁，等水温略回降后再用。我们现在点茶时，也建议大家将沸水放置到大约 80℃再注汤。

[一] 隽永，煮茶时第一次煮泡出来的茶汤，以备增味和止沸。

《白莲社图》 北宋 张激 辽宁省博物馆藏

形辨与声辨在宋代已经普遍使用，陆龟蒙有诗“时有蟹目溅，乍见鱼鳞起”，这是眼观形辨；黄庭坚写“曲几蒲团听煮汤，煎成车声绕羊肠”，这是耳闻声辨；苏轼有著名候汤诗句“蟹眼已过鱼眼生，飕飕欲作松风鸣”，则是观闻皆具。至今，茶界多用“松风”一词代指茶事。

明代，形辨、声辨之外，还增加了气辨，即观看瓶嘴蒸汽喷出的状态来判断水的火候，这种方法相对更简单明了，它也被称为捷辨。至此，古人建立起了一套多感官认知、立体的候汤系统。现将明代张源《茶录》里记载的三套辨汤体系附录如下：

吹火煮茶

	初	中	沸
形　辨： ［内辨］	虾眼　蟹眼	鱼眼　连珠	腾波　鼓浪
声　辨： ［外辨］	初声　转声	振声　骤声	无声
气　辨： ［捷辨］	气浮一二缕	三四缕　缕乱	气冲直贯

辨汤法

现在茶事生活中多用沸水冲泡，大家对此非常熟悉，一旦出现“腾波鼓浪，气直冲贯”，就是水彻底沸腾了；对于“无声”，俗语则总结为“水响不开，开水不响”。

让我们遥想一下古人候汤的茶事意境：

独坐净室，云烟缭绕，
万籁俱寂，唯闻水音，
一如疏风掠过松林。
俄而，满室生香，
雪沫乳花！
待得声闻俱寂后，
一瓯春雪胜醍醐。

唐肥宋瘦

瓶要小者，易候汤

又点茶注汤有准

点茶烧水，主要是用汤瓶放在火上直接烤。

瓶是我国自古就有的一种器具。《礼器》上说它是“炊器”。古人多用瓶来和水打交道，比如取水、运水、储水、烧水。这种器具的特点是“口小肚子大”，我们经常说“守口如瓶”，就是形容嘴巴要小，说话要少。

《资暇集》里记载，唐太和九年（835年）宦官们对斟酒的注子[一]进行了改良，改良后的酒具“若茗瓶而小异”。茗瓶，顾名思义，用作茶事的瓶。他们大约是看到茶瓶倒水好用，便拿来当作了改良的样板。

在西安王明哲墓中，曾经出土了一件绿釉茶瓶。茶瓶的底部有墨迹书写

[一] 注子，古代中国酒器，金属或瓷制成，可坐入注碗中。

北魏　长颈陶瓶　手绘

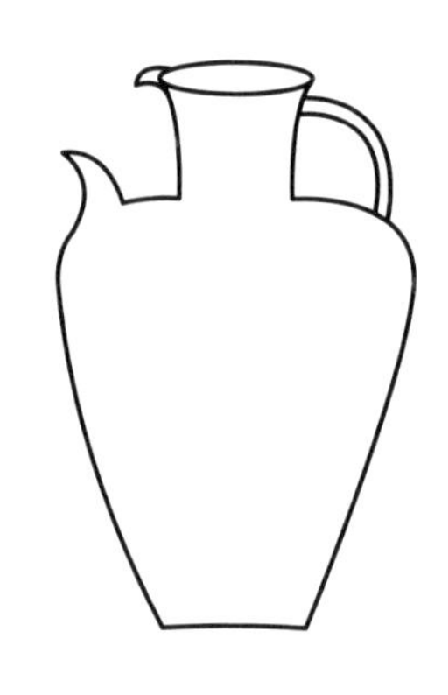
老导家茶社瓶

了十二个字："老导家茶社瓶　七月一日买壹"。该墓的墓志铭，载有非常清晰的时间，即太和三年（829 年）。这个茶瓶，已经不同于以前打水用的传统瓶型了，其有了短流[一]，有了柄。

这两条资料记载之事都发生在太和年间，相差不过六年。我们把它结合起来解读，说明至少中唐的时候，专门用作茶事的瓶就已经出现了。

陆羽著书时正是煎茶法盛行时代。《茶经》里记载的器具中还没提到这种带流的茶瓶。有人分析茶瓶可能是用来分煎茶汤的，类似现在的公道杯，但更可能是为点茶法而生，长流是为了方便倒出热水冲点末茶而增加的。

780 年到 829 年，陆羽著《茶经》不过才五六十年，带流茶瓶就出现了，或许煎茶法和点茶法是手拉手前后脚进入中国茶历史的。

大约在唐末 900 年的时候，苏廙的《十六汤品》里已经多次提到瓶了。"燃

[一] 短流又称"短嘴"，管状流的式样之一，流行于唐代。

鼎附瓶”“瓷瓶有足取焉”“瓶嘴之端，若存若亡”，从瓶的材质、烧水方式，一直说到注汤的手法，茶瓶已经成了一种盛行的茶具。

到北宋，点茶法大行其道的时候，汤瓶堂而皇之地成为了主力茶具。蔡襄与宋徽宗都对汤瓶的材质和形制有了明确的要求。

《茶录》曰：“瓶要小者，易候汤，又点茶注汤有准。黄金为上，人间以银铁或瓷石为之。”

《大观茶论》曰：“瓶宜金银，小大之制，惟所裁给。”

材质上，汤瓶以金银为最好，其次用瓷。现代科学也证明，使用银壶煮水时，释放出的银离子会起到抑菌作用。金银材质也被达官显贵广泛地用在其他茶具上。宋代长沙茶具精妙甲天下，一副茶器需用白金三百或五百星[一]。赵南仲丞相还曾用黄金千两铸造了一套茶器。

[一] 星，古代金银计量单位，一钱为一星。

形制上，蔡襄建议用小瓶，徽宗进一步说要根据茶量来调整瓶的大小。朱权《茶谱》的“茶瓶”一条给出了明确的尺寸比例，“通高五寸，腹高三寸，项长二寸，嘴长七寸”，总高约 16 厘米。

我们来看看，《茶具图赞》中对汤瓶的描述。

“汤提点，发新、一鸣、温谷遗老。”

在古代热水也称作“汤”。你去日本洗温泉，很多店的门帘上还都写有一个大大的“汤”字。

“提点”是宋代官名，掌管司法、刑狱等事。这里借用谐音，说明汤瓶的功能是“提”水“点”茶。

“发新”，指汤瓶的功能——煮水，引用的典故是苏轼的诗“贵从活火发新泉”。

“一鸣”，咱们都知道有个成语叫“一鸣惊人”。宋人候汤，瓶口小又不透明，多使用声辨来判断，煮水用嫩不用老，“一鸣”即可。

“温谷遗老”，是形容瓶中的热水像温泉一样。

审安老人还给汤瓶写了一个总结——赞曰：

汤提点

发新　一鸣　温谷遗老

赞曰：

养浩然之气，发沸腾之声，

中执中之能，辅成汤之德，

斟酌宾主间，功迈仲叔圉，

然未免外烁之忧，

复有内热之患，奈何。

汤瓶被形容成一位大丈夫，全然不惧水火相加，养浩然正气、成就卓越功勋。

用来点茶的茶器，除了汤瓶以外，常见的还有执壶。

壶这种器型，也早就出现了。不过太久远了和茶关系也不太大，毕竟关于茶的明确文字记载也就是西汉末年的事。

两晋南北朝的鸡头壶算是经典之作。这种壶上的鸡头是用来欣赏的，小鸡不张嘴，无法出水。用的时候，水还是从上端壶口倒入倒出。

唐代慢慢发展出来有嘴、有柄的壶型，被称为注子、注壶。喝酒的时候，把酒从大的储酒器里先分装到注壶中。这时候的注壶上的鸡头装饰不见了，壶嘴开通，饮酒时直接从壶嘴倒至各人的小盏中饮用，方便饮用。

唐中期，发生了一件政治大事，它直接改写了中国的“壶史”。公元826年，唐文宗李昂继位。不过这个皇帝当得窝囊，他一直被“家奴”欺压，朝政完全由宦官把持。他和手下的大臣李训、郑注密谋除掉宦官。于是，他们策划了一个所谓的天降甘露的瑞相，准备把宦官骗出来，借观赏之际将其斩除。

没想到，大臣比皇帝还不济，事情还没办，就开始争功。李训擅自提前动手，结果导致事情败露。宦官大怒，派出神策军在长安大肆屠杀。宰相、大臣、宫人、百姓等无差别地被杀戮，死者千余人。玉川子卢仝，据说也是死于这场灾祸。身在外地搬兵的郑注后来也被追杀至死，史称“甘露之变”。

从此，宦官集团更加仔细小心，牢牢把持军政大权。就连君主的废立、生杀也都在他们的掌握之中。唐文宗不久即郁郁而终，时年 31 岁。

“甘露之变”后，宦官们喝酒时，不可避免地还是要使用“注子”。可是注子的“注”，与郑注的“注”发音相同，喝酒本来是开心的事，老提起仇人可就真愁人了。于是宦官们对注子一顿操作猛如虎，“去柄安系”，连名字也一并改为“偏提”。“偏提”基本就是今天我们所见的执壶了，它定型下来成为主力酒具，并一路演变。

点茶法出现时，也是执壶被广泛使用的时候。执壶的壶嘴可以很好地控制水流，非常适合用来注汤。我们有理由相信，至少在太和年间，茶瓶与执壶交汇，都开始为茶事服务，殊途同归了。不过在宋代茶书里，经常提到汤瓶，而很少提及“执壶”。大概是因为执壶也被用来倒酒，而汤瓶则比较专一吧。

点茶在明代渐渐消亡，建盏、茶筅等主要用具均被淘汰乃至消亡，但汤瓶与执壶却因良好的注水功能被保留下来，并进化为瀹泡法饮茶的重要器具，成了茶壶的老祖宗。从此生根发芽，落地开花，形成了丰富、独特的茶壶文化。

唐代，执壶形体浑圆饱满，利于多装酒水。大多不带盖，方便从壶口处倒入酒。壶嘴短粗且直，这是因为唐代多饮用果酒，受酿酒技术限制，酒内存有很多沉渣，“粗短直”的壶嘴有利于酒的倒出。

随着点茶渐渐兴盛，执壶的造型开始发生变化。

壶嘴也就是被称为“流”的部分，是执壶中最重要的一个部件，它直接影响到液体流出时的效果。

点茶时要求点茶者可以精准地控制水流。《大观茶论》说：“注汤利害，独瓶之口觜而已。觜之口欲大而宛直，则注汤力紧而不散；觜之末欲圆小而峻削，则用汤有节而不滴沥。盖汤力紧则发速有节，不滴沥，则茶面不破。”

徽宗把瓶嘴下部与壶身接触的地方称之为“口”，此处重在出水通畅，

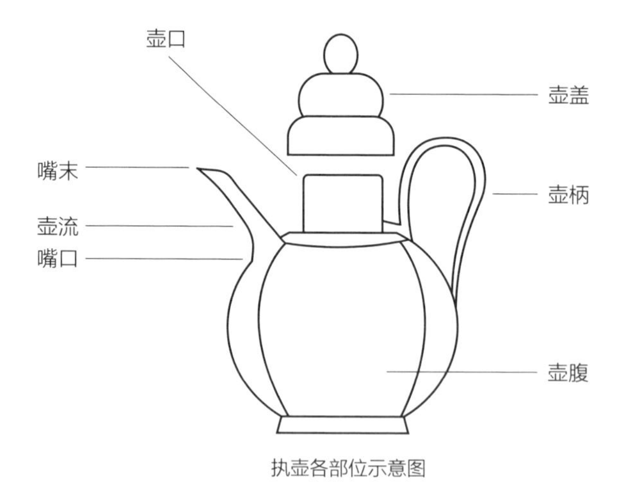

执壶各部位示意图

要粗、直。而嘴的上部被称之为“末”的地方，其横截面积的大小，决定了热水最终流出的速度与力量，故要圆、小，而且最好向上形成一个锐角。这样便能随心所欲控制出水，可快可慢、可冲可断，更不会因滴沥破坏汤花。

从图中可以清楚看到壶嘴的演变由短粗变得越来越细长，且多为二弯流[㊀]。

再者，壶盖、壶嘴、壶颈也都变得生动丰富起来。

唐代时期，执壶口大脖子粗，方便注入含渣滓的果酒。之后随着酿酒技术提升，酒液杂质越来越少，而点茶也多使用水，两者都不再需要考虑滤渣的问题，壶口直径逐渐缩小，由敞阔变得收敛。壶颈也随着壶身整体变长，

执壶形制的演变

㊀ 二弯流，此流嘴亦可称之为反嘴，也就是一弯嘴反过来装，这样的流嘴一般都朝天，因此也有朝天嘴的称呼。

由短直向曲细发展。

壶钮的造型有珠型、条型、环形、象形等。四川彭州出土的银壶，上面有精美的大象造型。

壶盖的造型有帽状叠插式、包裹覆扣式，还多见片状。

再说壶腹。

这个部位占执壶整体比重最大，壶腹的样子对整个执壶的气质起决定性作用。大唐以圆润为美，大宋以瞿瘦为美，执壶也贯彻了这样的审美情趣。唐代的执壶肚子圆鼓鼓，腹内空间很大，强调能装。到了宋代，壶肚则明显变得瘦长起来，看起来柔和修长，外表开始出现独特的瓜棱造型。元代以后，多以梨形、玉壶春式为主了。直观上，壶腹直径最大的部位也越来越低。

用四个字概括唐宋执壶的变化，可以是“唐肥宋瘦”。

宋代也是瓷器开始大兴之时，当时许多窑口均产执壶。定窑、耀州窑、景德镇窑、湖田窑、龙泉窑、磁州窑等重要窑口都有执壶传世。釉色各异，造型丰富，除了瓜棱形还有葫芦形、提梁壶等。

由于有皇帝、士大夫阶层参与创作，宋代的瓷器在线条和釉色上都特别讲究。

据说宋徽宗做了一个梦，梦中雨过天晴后那种天空的颜色，让他无法忘

怀。其随即颁下圣旨，命工匠按梦烧造。这就是“雨过天青云破处，这般颜色做将来”的出处。各地工匠们无不费尽心机、呕心沥血，最后汝州匠人终于烧制出这种传奇颜色的瓷器，这就是名扬天下的汝瓷。汝瓷烧制困难，传世数量极少，所以又有“家有良田万亩，不如汝瓷一片”的说法。

提到执壶，不可避免的还会探讨到另一个器物——温碗，温碗通常与执壶一起出现。

从《韩熙载夜宴图》中可以清晰地看到床边的两套执壶与温碗。《东京梦华录》记载：“大抵都人风俗奢侈，

汝窑水仙盆　北宋

度量稍宽，凡酒店中，不问何人，只两人对坐饮酒，亦须用注碗一副，盘盏两副，果菜碟各五片，水菜碗三五只，即银近百两矣。”注子加温碗，被称为注碗一副，两者配套使用作为酒器非常流行。

河北宣化下八里村北辽代墓群壁画中有一幅图，可以清晰地看到红色桌面上，放着盏托和盏，旁边

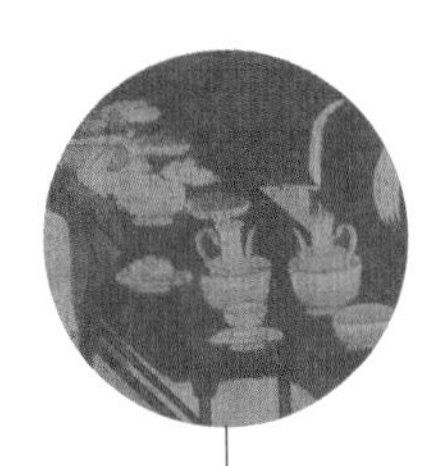

《韩熙载夜宴图》（局部） 南唐 顾闳中

就是一套壶和碗。右侧的空地上，一个汤瓶正在炉子上烧水，再加上画下方的碾子，基本可以确定壶碗准备用于点茶。

温碗做什么用呢？多有人认为温碗中会注入热水，来保证执壶中液体的温度。这大致是以后世锡壶温酒之原理推断得来。

在《文会图》里，布茶童子的左手边有两套注碗（图片放大处右），与酒席上的注碗款式相同，应是作饮酒器使用；而其右手边的火炉内，

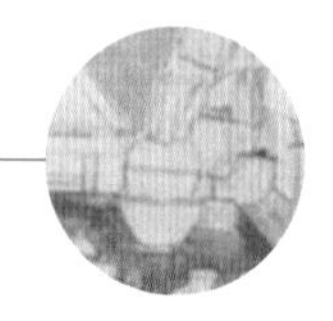

辽墓群壁画（局部）

还有两把汤瓶（图片放大处左）在加热。很明显，炉火离宴席如此之近，当然不会选择用温碗来加热保温。

在实践中，我们曾经向温碗中加入热水后放入执壶。瓷器的导热性非常好，温碗变得很烫手，很难端住。

我们想象一下，点茶时如果温碗里盛满热水，当执壶被屡次拿起注汤时，壶底很容易带起温碗中的水，滴沥在桌面上，这种行为一定会被古人摒弃。而实际上，点茶在两三分钟内即可完成，用温碗保温完全多此一举。

因此，我们基本可以得到一个结论：点茶法基本不需要使用温碗。如果一定要用，绝不是加热保温，而是隔绝火气！即汤瓶瓶身温度很高时，以温碗为托，防止其烫手或烫坏桌面。

当代点茶，如果不用汤瓶加热，温碗即无使用必要。如果是出于装饰的需求，那就要看个人喜好了，但请您不要加热水进去哦。

还看见有人拿温碗当水盂、洗手盆、果皮筒……呃，这样做您可能不适合穿越到大宋！

題文會圖
儒林華國古今同
吟詠飛毫醒醉中
多士作新知入彀
畫圖猶喜見文雄
臣京謹依
韻和進
明時不與有唐同
八表人歸大道中
可笑當年十八士
經綸誰是出群雄

文会图（局部）

绿衣布茶童子左手持托盏、画左侧的火炉内有加热的汤瓶

请你吃盏富贵汤

以金银为汤器
惟富贵者具焉
所以策功建汤业
贫贱者有不能遂也
汤器之不可舍金银
犹琴之不可舍桐
墨之不可舍胶

在鉴水、候汤、赏瓶之后，我们来综合说一下如何得到一盏好汤。

其实在点茶刚开始流行的时候，就已经出现论汤的专著。大约在唐代后期，苏廙的《十六汤品》问世了。这是第一部，应该也是唯一一部专讲汤品的专著。不过，由于它讲得太专业、太全面了，也有人认为是后世之人所作。

苏廙把汤的地位抬得很高，他认为汤是决定一盏茶最终品质的关键，如果有好茶、好水，却烧出烂汤，茶汤注定只能是凡品。

《十六汤品》顾名思义，共记载了十六种汤。苏廙把影响汤品质的因素逐一剖析。

前三汤，说烧水，重在汤的老与嫩。

第一，得一汤；第二，婴儿汤；第三，百寿汤。

当代茶事中，大家多使用电器作为烧水用具，诸如随手泡、电磁炉、电陶炉等。不过通过这些电器，我们一般是看不到明火的，它只是简单地将电能转化为热能，这是“阴火”。

而通过炭火烧水，则可以看见火焰，这是“阳火”。

炭火烧水泡茶，茶香被迅速激发，喝起来会让人感觉身体里暖洋洋的，和电烧水大不相同。

虽然是阳火，也要有度，烧到什么程度合适呢？“火绩已储，水性乃尽……无过不及”。火力积蓄够了，水性就激发出来了，也就是易经说的“水火既济”。苏廙在这里引用了老子《道德经》中的道理：“道生一，一生二，二生三、三生万物。”大道生出的“一”的境界，是至纯而不偏杂的，所以苏廙把烧得刚刚好的汤称为“得一汤”，为最上汤。

如果火能积蓄不够，则称作“婴儿汤”，会导致水性不足。

火力太过，水百沸而失去活性，则是“百寿汤”。

这两种都会有损茶味。

第四、五、六汤，论述注水时的手法。

第四，中汤；第五，断脉汤；第六，大壮汤。

苏廙用弹琴和磨墨做了贴切的比喻。“亦见夫鼓琴者也，声合中则妙；

亦见磨墨者也，力合中则浓。”最上乘的汤叫“中汤”，取中合之意。弹琴如果用力不匀，声音忽大忽小，曲调就会断续不连贯，无法形成美妙的音律。注汤亦如此，用力不匀，不能得中道，就会败坏茶之滋味。

注汤时断断续续、哆哆嗦嗦，这叫“断脉汤”，茶气断续，滋味怎么会均匀呢？

炭火

注汤时倾泻而下，水流凶猛，这叫“大壮汤”，砸得茶飘忽不定，滋味怎么会安稳呢？

第七汤到第十一汤，记录了因茶器材质不同而形成的五种汤。

第七，富贵汤；第八，秀碧汤；第九，压一汤；第十，缠口汤；第十一，减价汤。

先说“富贵汤”。过去富贵人家，爱用贵重的金银壶烧汤。银的化学结构比较稳定，不用担心它长期烧煮与水发生反应。烧的水不但干净，还会起到软化水质的作用。烧水过程中释放的银离子阻碍了酶的催化作用，抑制了细菌的滋生，从而使水更加纯净。古人可能在选择烧水器具时没有太多的科学数据，不过出于感官感受，银壶烧水确实好喝，这就是硬道理。

秀碧汤。石乃山之秀气凝结而成，山秀之石出好汤，称为秀碧汤。

压一汤。这里说的是瓷器。对于隐士逸人来讲，瓷器之雅韵可压倒一切。

以上三种是好汤，接下来作者提出了两种恶汤。

不要用铜铁铅锡煮汤，会使汤腥苦涩，这叫“缠口汤”。

不要用没有施釉的陶器煮水，会渗水而且有土气，这叫“减价汤”。茶本为逸事，用陶器煮汤，就好像骑着一匹瘸马去登高。

不过看待这个问题时要用历史眼光、辩证地去看。《十六汤品》成书在1100年以前，而现代的冶炼、烧制技术已有飞跃性的进步，铜铁锡的纯度也有很大提高。惟铅有毒，还是不宜用于烧水。另外，陶器制作工艺也有了质的改变，在当代潮汕功夫茶中，烧水的铫子[一]多用陶器，甚至已经是标配了。

第十二汤到第十六汤，这五种汤论述的是烧水的燃料。

第十二，法律汤；第十三，一面汤；第十四，宵人汤；第十五，贱汤；第十六，大魔汤。

燃料本都可用于加热，而茶家只用炭，这是茶法，所以炭火煮水称为“法律汤”。

㊀ 铫子，烧水的器具，形状像比较高的壶，口大有盖，旁边有柄，用沙土或金属制成。

如果用麦麸类或剩炭，火性不足，叫“一面汤”。

使用粪火，热量虽够，恶性未除，叫“宵人汤”。

竹虽雅，但性薄无中和之气，叫“贱汤”。

最后一个太霸道了，是茶道中的大魔头，用产生烟的燃料烧水，燃柴一枝，浓烟蔽室，谓之“大魔汤”，好汤早跑得远远的了。炊烟袅袅是做饭，我也喜欢吃柴火饭，不过烧汤烹茶还是算了吧。

定窑瓷铫

最后总结一下：用炭烧起富贵汤，火候得一，点注得中，是极好的！

宋人也不止用汤瓶候汤，还有铫子、茶铛、石鼎等多种。

铫子和茶铛煮水部位的形状差不多，两者都有柄。区别是铫一般是短流壶，铛没有短流；铛有足，铫没有。苏轼《次韵周穜惠石铫》，就点明了石铫无脚："自古函牛多折足，要知无脚是轻安。"

铫子在唐代就用来煎茶，元稹的"铫煎黄蕊色，碗转曲尘花"已经是茶事名句。宋代抗金名士李纲写过一首《山居四咏之四·石铫》，对铫子的模样有详细地描述"形制深宽洁且清""龙头豕腹徒嘲诮"，形状深而且宽，有着龙头一样的柄，而腹部则像猪肚子。同一时期的李光在《饮茶歌》里则对铫子的使用情景做了生动描写："山东石铫海上来，活火新泉候鱼目。汤多莫使云脚散，激沸须令面如粥。"云脚、粥面都是典型的点茶后茶汤状态。南宋刘松年的《撵茶图》里，候汤用的也正是一把大铫子，应是待水烧开后，再倒入壶中点茶用。画中的铫子的长柄变为提梁，现在日本茶具中的铫子多有提梁形制。

茶铛很早就被应用在茶事中，唐朝僧人皎然作有一诗“投铛涌作沫，著碗聚生花。”铛像鼎一样，有着弯折的三足。

唐　刻花金铛（药用）　何家村唐代窖藏

宋代的时候，铛在诗词中虽偶有出现，但在茶书中却几乎不见踪影。张伯玉在《后庵试茶》里写“小灶松火燃，深铛雪花沸”，这看起来还是在使用煎茶法。宋代以点茶为主流茶法后，可能是因为没有流，不方便注水，铛已经绝少见于点茶茶事中了。

而如果你看到“折脚铛”“无脚铛”的字样，这反而不是在说铛了，多半是古人用来形容铫子的。比如张镃的“自携折脚铛，煮芽仍带叶”，方逢振的“我有片石出古端，斤师斩成无脚铛。”

铫子和茶铛的材质有金、银、铜、铁、陶、石等，它们的功能在当时也是多用的，除了茶用，还可以温酒、熬药，道家还拿它来炼丹。

生火器具，宋人不像唐人那样重视，提到的不多。

宋代大型茶会使用汤瓶煮水，多用燎炉[一]。《文会图》里的四方形燎炉很大，里面放了两个汤瓶还有余

㊀ 燎炉，供烧烤或取暖用的炉子。

风炉《兰亭序》（局部）（萧翼） 观合临摹

燎炉《文会图》（局部） 观合临摹

地，保证同时供给多人用水。

《续资治通鉴长编》记载宋真宗太平兴国三年，辽国有高官悄悄派人到开封来造茶笼和燎炉。当时燎炉还是个新鲜物件，辽国的贵族为了掌握这项制造“高科技”方法，专门派间谍来偷学。

炉子也有小尺寸的，方便外出携带。《新唐书》记载陆龟蒙“不喜与流俗交，虽造门不肯见。不乘马，升舟设蓬席，赍束书、茶灶、笔床、钓具往来。”笔床即笔架，茶灶即煮茶用的小炉，可以直接搬上小船。后来笔床茶灶就代表了隐士淡泊脱俗的生活方式。宋代的张炎《甘州》记：“烟波远，笔床茶灶，何处逢君。”陆游《洞庭春色》写：“且钓竿渔艇，笔床茶灶，闲听荷雨，一洗衣尘。”

点茶在明中期渐渐消亡，但是炉铫烧水的方式在瀹泡法中被很好地继承下来，至今潮汕功夫茶、日本煎茶道中还在普遍使用。

《春游晚归图》 宋 佚名 故宫博物馆藏

茶席，是一位茶人内心的表达，
包含天、地、人三部分。

三之席

皇帝的点茶套装

螺钿珠玑宝合装
琉璃瓮里建芽香
兔毫连盏烹云液
能解红颜入醉乡

我的书架上有一本茶书，内容主要是介绍日本茶道的名人。村田珠光、武野绍鸥、千利休、古田织布、小堀远州等均收录在册。而此书目录前的扉页上，郑重地附上了一张宋画《桃鸠图》。画的作者是宋徽宗赵佶，此画现被收藏在东京国立博物馆。

除了茶人，书中记录也不乏多种茶道“宝物”。其中有从中国传入的唐物，也有日本艺术家、茶人创造的艺术作品，蔚然大观。这样的一本茶道之书，首页却是一张宋徽宗的画作，此举颇值得玩味。也许，徽宗独创的花押㊀签名，

㊀ 花押，又称“押字”“画押”，旧时文书契约末尾的草书签名或代替签名的特种符号。

《桃鸠图》 北宋 赵佶

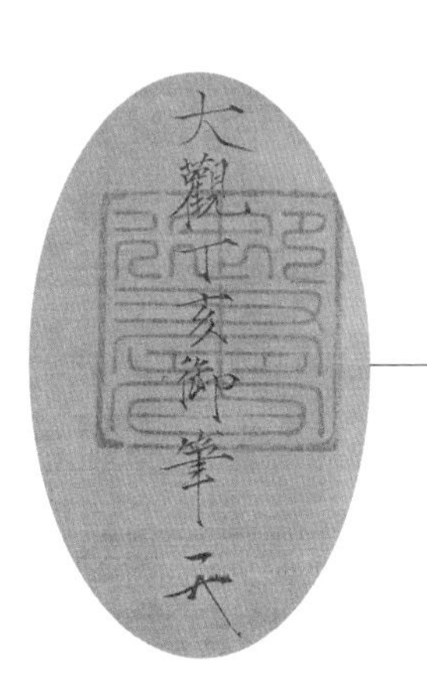

可以告诉我们其中的缘由。

“天下一人”。

这个独特又美丽的花押，既彰显着徽宗的自负，也成了后人崇拜式的解读。

宋皇中最爱茶的首推徽宗。

作为帝王，宋徽宗在艺术上的成就前无古人后无来者。建筑、书法、绘画、音乐、文学、收藏等，样样精通。《宋史》说：“宋徽宗诸事皆能，独不能为君耳！”意思是说他除了不会当皇帝，其他任何事情都能做得很棒。

国宝《千里江山图》大家应该都知道，这幅名画的作者王希孟曾得到过宋徽宗的指导。宋徽宗的花鸟画，在经过一千多年的等待后，被先进的动画技术移植到动画作品中，就斩获了国内、国际多项大奖，还直接向奥斯卡最佳动画短片发起了冲击。

就是这样的一位皇帝，亲自为宰执大臣和亲王们点茶。在《延福宫曲宴记》里记载：

“宣和二年十二月癸巳，召宰执亲王等，曲宴于延

《芙蓉锦鸡图》 北宋 赵佶

福宫……上命近侍取茶具，亲手注汤击拂，少顷，白乳浮盏面，如疏星淡月，顾诸臣曰：此自布茶。饮毕皆顿首谢。”

曲宴是皇帝的私宴，召三五近臣、宗亲，在闲暇时光一起玩乐。我们从《文会图》《撵茶图》等宋画中记录的士大夫聚会中可以看出，曲宴通常有专门的司茶人在一旁完成点茶。一方面说明士大夫对点茶的参与多是从品鉴、指导层面，另一方面也说明点茶对操作要求很高，非专人不可。而在这段记载中，皇帝居然亲手点茶，点完还有讲解“此自布茶”，感动得臣子们无不顿首叩谢。

想想徽宗亲手击拂的这盏茶。

他生逢盛世，拥有天下最好的贡茶——龙团凤饼，专人督造，耗费巨资，名副其实的“皇帝一盏茶，百姓三年粮”。

宋徽宗用着天下最好的茶具，那些在当代拍卖会中都是价值千万上亿元的宋瓷，只不过是他家的寻常器物，且多依其审美标准而制。

他又拥有傲视天下的艺术天分，他的每次点茶都可称得上是一次行为艺术，还独创了“七汤点茶法”。

他亲自动手实践，把一切的极致都应用到了“布茶”之上，这得是一盏什么样的仙茶啊！

宋徽宗对点茶的追求，都写在了《大观茶论》里，这是一部一位神仙皇帝究极点茶奥义的著作。

那徽宗的点茶套装是什么呢？

先看他在《宫词九十首之三十九》中写道：

今岁闽中别贡茶，
翔龙万寿占春芽。
初开宝箧新香满，
分赐师垣政府家。

徽宗时，贡茶龙团凤饼的制造已经到达极致。熊蕃的《宣和北苑贡茶录》提到“至于水芽，则旷古未之闻也。”

这水芽，说的是一种叫作“银线水芽”的制茶原料。把蒸熟的芽头，剔掉外面包的小叶，只取中间的一缕。浸泡在清泉中，光明莹洁，就像一根根的银线。用这种银线制成的茶饼，号为“龙园胜雪”。而诗中所称“翔龙万寿”，就是与龙园胜雪一个档次的贡茶“万寿龙芽”。

徽宗贡茶原料的级别，可见一斑。

再看另一首，《宫词九十首之七十四》：

螺钿珠玑宝合装，
琉璃瓮里建芽香。
兔毫连盏烹云液，
能解红颜入醉乡。

螺钿是一种中国传统的工艺，主要把螺壳、海贝类打磨成片，然后镶嵌在器物表面组成图案，或人物，或花鸟，或几何图形、或文字。螺钿是一种天然之物，天生丽质，具有十分精美的视觉效果。珠玑，通常指玉石类的宝石。宋徽宗就是用镶满螺钿珠玑的宝盒作为茶具。

琉璃则是在1000℃以上的高温下，将水晶琉璃母石熔化后，自然凝聚而成。其色彩流云漓彩、

黑漆螺钿楼阁人物菱花形盒　南宋　上海博物馆藏

美轮美奂；品质晶莹剔透、光彩夺目，尽显高贵华丽。古时琉璃制作难度很大，人们把它看得比玉器还要珍贵，民间极难见到。宋徽宗的龙团凤饼贡茶，就是放在琉璃瓮里保存。

对于今天的我们来说，宝石依然是奢侈品。琉璃制作工艺虽然已经得到长足发展，但烧制出一件没有任何瑕疵的艺术品，还是可遇不可求的事情。

再说兔毫盏，这个器物一直被宋徽宗大加赞赏！

《大观茶论》里说："盏色贵青黑，玉毫条达者为上，取其焕发茶采色也。"宋代点茶的茶色贵白，所以要用青黑的盏来衬托茶色。在这种黑色的盏里，宋徽宗首推兔毫盏，并且以兔毫纤细连绵不断为最好。

《大观茶论》里还提到了另外两种茶具，一个是汤瓶，皇家首用金银；另一个是茶筅，材质以能做筷子的老竹为好。

宋徽宗的点茶套装如下：

建芽团饼茶

螺钿珠玑茶盒

琉璃瓮

兔毫盏

金汤瓶

老竹茶筅

点茶，不仅能让臣子顿首谢，更能让后宫佳丽清醒于醉乡，怪不得宋徽宗沉迷于此道。《宫词一百首之八十二》写：

上春精择建溪芽，
携向芸窗力斗茶。
点处未容分品格，
捧瓯相近比琼花。

芸窗在古代是书斋的代名词，宋徽宗平常日子里，就是和妃子们在书斋点茶。不知道谁有天大的胆子敢和皇帝斗茶，用句现代话说，他一定是在一次次超越自己吧。宋徽宗一定是以茶为乐，自在其中。

苏东坡与一盏清欢

雪沫乳花浮午盏
蓼茸蒿笋试春盘
人间有味是清欢

元丰七年，被贬黄州四年多的苏东坡奉旨迁移汝州。

行至泗州（今安徽省泗县）时，临近年底，适逢立春。古人立春多置春盘，把一些时令蔬菜与春饼放在一个盘中，以饼就菜食用，谓之“咬春”，以示迎接春天之意。

苏东坡和刘倩叔一起到南山游玩，中午之际，在水边置下午餐，作诗一首《浣溪沙·细雨斜风作晓寒》。

细雨斜风作晓寒，
淡烟疏柳媚晴滩。
入淮清洛渐漫漫。

雪沫乳花浮午盏，
蓼茸蒿笋试春盘。
人间有味是清欢。

诗的大意是微寒的天气里，明媚的阳光照在河滩上，淡淡的烟雾与稀疏的杨柳融成一番景象，耳边听得水声浩大。

几位文人的午餐是什么呢？是装满嫩蓼、蒿、笋的春盘，以及一盏雪沫乳花般的茶汤。

苏轼被贬黄州时，经历了人生低谷，日子无比艰辛，但他没有垂头丧气、攀炎附势，而是以乐观向上的心态，始终洁身自好，保持着文人的清高。野菜和清茶就是他的人间清欢。

而今春天来临，起复在望，这真是一盏有味的清欢。

“雪沫乳花浮午盏”写得特别生动，如今已经成为点茶爱好者耳熟能详的诗句。盏这种器物在战国时期的《尔雅》里就有记载：“锺小者谓之栈”。东汉的李巡注解，栈与盏，音意皆相同。盏一直被用来装液体，尤其是饮酒用。自从茶兴起以后，它也成为饮茶时的主要器型。

唐代煎茶法，茶汤颜色走红色、琥珀色一系，能够衬托彰显茶色的是青绿色茶盏。

陆羽有非常著名的“邢不如越”的描述。

越窑和邢窑都是唐代主流的代表茶具。越窑即秘色瓷，其色青。陆龟蒙有诗《秘色越器》：“九秋风露越窑开，夺得千峰翠色来”。邢窑则以白色为主。

《茶经·四之器》里论述：

“碗，越州上……

若邢瓷类银，越瓷类玉，邢不如越一也；

若邢瓷类雪，则越瓷类冰，邢不如越二也；

邢瓷白而茶色丹，越瓷青而茶色绿，邢不如越三也……

越州瓷、岳瓷皆青，青则益茶。茶作白红之色。邢州瓷白，茶色红……悉不宜茶。”

陆羽不断强调越瓷之美，更能增益茶色，这成了“邢不如越”的重要论据。

点茶时，与茶水的美好相遇、如云似雪的嬗变，都在一只茶盏中发生。那如何才能做一只具有大宋点茶气质的盏呢？

首先，盏的釉色以黑为尊。

蔡襄《茶录》里最先提到此标准：“茶色白，宜黑盏，建安所造者绀黑，纹如兔毫，其坯微厚，熁之久热难冷，最为要用。出他处者，或薄或色紫，皆不及也。其青白盏，斗试家自不用。”

为了衬托白色的茶汤，选用黑盏为上。建安产的兔毫盏，坯胎厚有利保持水温，效果最佳。青白色釉的盏，斗茶者是不使用的。

宋代能生产黑色茶盏的地方有很多，福建算是最大的生产基地。据不完全统计，福建在宋元时期，烧制黑釉瓷器的窑场有700余处。其中首屈一指的属建阳的建窑，这里烧制的盏最符合皇家的要求，被称之为“建盏”。建盏名气最大，以致后来许多人把黑釉瓷盏都叫作“建盏”了。其实江西省的吉州窑、北方的耀州窑、定窑、磁州窑等许多窑口，都有黑盏烧制。

上好的黑釉盏，不能只是纯黑，还要黑得低调奢华有内涵。黑色是主要

越窑海棠杯　唐　李文年藏

唐邢窑托盏　唐　李文年藏

底色，在其上，盏釉还要出现有趣的变化。一盏茶汤，在雪白的沫饽下，应该可以看见光影之中暗暗闪动、绚丽多变的隐藏斑纹，方显高贵和神秘。

兔毫盏是宋徽宗的最爱，蔡襄也是其拥趸。蔡绦记载蔡襄有“茶瓯十，兔毫四散其中凝然做双蛱蝶状，熟视若舞动，每宝惜之。”蔡襄不仅自己收藏建盏，还身体力行地推动建盏的发展。

与兔毫盏齐名的是鹧鸪盏，这种盏的斑纹好像鹧鸪鸟胸前的羽毛一样漂亮，因此而得名。日本有许多宋代存世的油滴盏，釉面也是如此，有大小不等的斑点，像油滴一样。也有人认为鹧鸪盏和油滴盏是同物而异名。

兔毫盏和鹧鸪盏，作为两大主力盏，经常被宋人提起。

《清异录》载：“闽中造盏，花纹鹧鸪斑点，试茶家珍之。”

《方舆胜朗》载：“兔毫盏，出瓯宁之水吉。”

黄鲁直诗曰：“建安瓷碗鹧鸪斑”。

僧惠洪诗曰：“点茶三昧须饶汝，鹧鸪斑中吸春露。”

陈蹇叔诗曰：“鹧鸪王冕运输宇，兔毫瓯心雪作泓。”

相传日本人最开始接触黑釉瓷盏，是在浙江的天目山脉，所以他们把这种盏叫作“天目”。日本保留了三件特殊的宋代黑釉盏，现在已经被当作国宝。这种“曜变天目”，在光影下炫彩斑斓，如星河璀璨，绚烂无比。当世完整

2019 年三只曜变天目在日本同期展出　观合分别摄于东京静嘉堂文库美术馆、滋贺美秀美术馆、奈良国立美术馆

的曜变天目只有这三只，虽然我国是原产地，但目前也只在杭州发现过半只残盏。2019 年夏初，日本曾同期展出这三件茶盏。曜变盏过于华丽，有夺茶色之嫌，与宋代典雅、素美、内敛的审美标准不一致。它固然珍贵，但可以肯定的是，在追求极致简洁和内敛的宋代，一定是非主流的。

另外还有很多种釉色，比如铁锈斑、酱釉、茶色釉、柿红釉等，也都归于有色釉瓷大类。

束口深腹形黑釉兔毫盏

束口深腹形乌金釉兔毫盏

镶银釦束口形黑釉兔毫盏

敞口供御形茶绿釉盏

敛口钵形黑釉兔毫盏

敛口钵形鹧鸪斑盏

敛口灰被小盏

香炉形乌金釉油滴盏

敞口供御形茶绿釉盏供御字款

穹究堂藏

黑釉盏主要采用倒扣垂直沾釉的方法，即拿住底部圈足的地方，在釉水里面过一下。因此，底部的施釉线比较整齐地呈现在同一平面上，施釉不到底。釉层很厚，有时釉汁会向底部流淌，在施釉线附近聚成滴珠状，它还有个非常美的名字叫“泪釉”。而口部釉层在烧制过程中会向下流动变薄，颜色多与下方不一，建盏的口沿就多呈铁锈色。

吉州窑以另类、独特的花纹著称于世，木叶盏、虎皮盏、玳瑁盏都是它的代表作。

宋代点茶法有一道重要的流程，就是熁盏。在点茶之前，要先用火把盏烤透。用火烤，对盏是一个很大的挑战。陶瓷干烤容易裂损，普通陶瓷难以胜任这种炙烤。另外，陶瓷其实是良好的导热材料，盏的胎体必须要足够厚实才能保温。最终，建盏从诸多黑釉盏窑口脱颖而出，成为首选。这是因为建阳的土质非常特殊，富含铁质，胎体厚重，膨胀系数高，可以经得住多次火烤熁盏不裂。其他窑口出产的盏，或薄或不黑，都不如建盏。

黑釉盏的器型按口沿的形态不同，常见有 4 种，束口、撇口、敞口、敛口。对于点茶、斗茶来说，最适宜的是束口盏。这种盏型在盏口处，作向内弯曲处理，整体凹进去一圈，看起来像“掐腰”的形制。外形可以适应嘴部紧贴茶盏，盏的内部形成凸起，当茶汤鼓动激荡上涌遇到束口处，茶汤会向内运动，

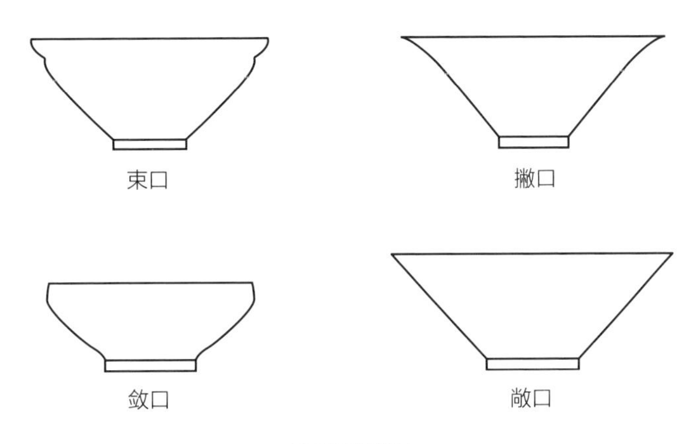

茶盏器型说明

避免击拂出盏外。

盏一般上宽下窄，上宽则利于茶汤击拂，下窄则使其易于放置在盏托之中。

黑釉盏有大有小。

当代人们会选用一些小盏当作主人杯，直径约在9cm以下。

斗茶盏直径通常约12.5cm，高度约7cm。这种茶盏非常适合茶筅击拂激荡。

陶宝文

去越 自厚 兔园上客

赞曰：

出河滨而无苦窳，经纬之象，

刚柔之理，炳其绷中，

虚己待物，不饰外貌，

位高秘阁，宜无愧焉。

女士或手指纤细人士，可以选择直径不小于 11.5cm 的盏。

《茶具图赞》里，茶盏被称为陶宝文。

陶，斗茶盏的材质为陶瓷。

宝文，即宝文阁，在宋英宗时期建立，用于收藏御书、文集等图籍，后也成了官职名。在这里，文与纹同音，宝纹即盛赞盏身釉色纹路奇妙。

去越，意为黑盏代替了越窑，成为点茶器具。

自厚，盏身厚重，可熁盏保温。

兔园上客。兔园本是汉梁孝王的东苑，因他常在此宴请宾客，后来被当作贵人宴宾之地。“兔”在这里又特指被宋徽宗点名表扬的“兔毫盏”，它成了宋代贵族、文人、士大夫点茶宴中的极品上宾。

黑釉瓷除了盏以外，还有很多器型。带流盏、大碗、高足杯、钵、碟、洗、盘、罐、瓶、执壶、花浇、灯盏、研磨器、炉等，可以说涉及生活的方方面面。其实在商周时期出现的原始瓷里，就已经有黑褐釉产品了，它与青瓷差不多同期出现。东晋的时候，浙江德清窑的黑釉瓷就风行一时，隋唐五代时期黑釉瓷被由南向北推广使用，这种瓷器给人以幽深肃穆的感觉，浑厚凝重，简朴耐用。不过因为原料易得、烧制容易，并没有成为稀罕之物。宋代时期点茶、斗茶开始盛行，黑釉瓷成为帝王、士大夫青睐的用品，以建窑为代表的建盏大放光彩，带动了黑釉瓷的整体发展，一时风光无两。不过随着点茶法在明代的没落，建盏失去了使用机会，黑釉瓷产业也随之衰败，因此说它们是“因点茶而盛，因点茶而衰。”的代表。

宋代点茶法用茶盏，而日本茶道则多用茶碗。茶盏和茶碗看起来很像，不过盏的底部要窄一些，而碗则是又宽又平的。

1975 年，韩国渔民在朝鲜半岛西南部新安附近海域中，发现一艘沉船。考古队员从沉船里发掘出了两万多件青瓷和白瓷，两千多件金属制品、石制品和紫檀木，以及 800 万件重达 28 吨的中国铜钱。据考证这是一艘元代（约 1323 年），从中国宁波出发前往日本的国际贸易商船，途中遇难沉没在高丽海域。船上的青白瓷基本都为新制，而所载的黑釉盏则大多是旧货。胎土和釉面都具备典型的南宋建窑特征，以束口、撇口的兔毫盏为主。有的盏口口沿有缺损，有的盏口口沿特意镶制铜扣，多数盏的底部有使用过的痕迹，痕迹应该是茶筅击拂所致。这说明元代的时候，日本还从中国大量进口黑釉盏。

宋末，点茶法和黑釉盏烧制开始走下坡路后，日本无法烧制建盏，也再找不到进口来源，日本开始“变盏为碗”，走出了自己特色的茶道器型发展之路。

黑乐茶碗

与茶无关的茶具

凡居丧者

举茶不用托……

或谓昔人托必有朱

故有所嫌而然

几乎所有的茶器都是为“茶”而生，唯有盏托特立独行，它只为盏而来。

唐人笔记《唐语林》有一则关于茶托由来的故事。

唐德宗执政的建中年间（780—783年），有位“专擅西蜀”的大将叫崔宁，书称“蜀相”。这位蜀相的女儿也爱喝茶，彼时流行的是煎茶，刚煮出来的茶很烫手，崔大小姐拿不住茶杯，她就把茶杯放在小碟子上。碟子又比较光滑，茶杯容易滑动，崔小姐让人把蜡融化，在碟子中间堆出一个凹槽来，正好卡住杯子，这样防烫和稳定就都解决了。

她父亲一看，这想法太实用了，于是开始向周围人推广，还起了个专门的名字“茶托”。渐渐地，“茶托”开始广泛流传用于茶事。

其实在我国，“托”这种器型早在东晋时代就已经有文字记载了，南北

南朝　青釉刻莲瓣托盏　李文年藏

朝的时候已经在大量使用了，只不过那时候多是用来喝酒的，可称之为“酒托”。不论什么“托”，反正都要用来承载杯具。

“托”的材质，丰富多彩。除了瓷质之外，还有许多陶、竹、木、玛瑙、金、银、铜、锡等。

托的造型也有多种，比如下图中的荷叶托盏。

唐 秘色瓷荷花托盏 宁波博物馆藏

盏如一朵盛开的莲花，口沿模仿花朵被分为五瓣；盏的外壁被压出五条棱线，原来单一朴素的釉面立刻生动、立体起来。下面的盏托边沿被制作成如同卷起的荷叶一般，将荷叶生机勃勃的生长状态充分地展现。

盏与托的完美搭配好似一朵绽放的夏荷盛开在茶桌之上，瞬间让饮茶者感到了无上清凉。

青白瓷酒台子

題文會圖
儒林華國古今同
吟詠飛毫醒醉中
多士作新知入彀
畫圖猶喜見文雄
臣京謹依
韻和進
明時不與有唐同
八表人歸大道中
可笑當年十八士
經綸誰是出群雄

《文会图》（局部） 宋

酒席之上，每人面前都有一个“酒台子”

茶饮早期，茶具、酒具经常通用。像下面的这套青白瓷，其实就是酒具。

在《文会图》里，我们也可以清楚地看到，酒席之上，几乎每个人面前都放置了一个这种形制的器皿，人手一杯，我们常称呼其为“酒台子”。

酒台子的形制和茶托看似很像，其实大有不同。

酒台子

酒台子的中心是一个略有突起的圆台，酒杯摆放其上。而茶托的中心则是一个托圈，中间部分是空心的。茶具放上后，下部正好嵌入托圈，两者稳稳地结合在一起。

明代泡茶法兴起后，茶托的样子也发生了很大变化，渐渐变矮、变小，还出现了一些特殊的形状。

现代，茶托大有简化的趋势，有时甚至被简化为一个布垫，作用是保护桌面。

盏托虽然只是为盏而生，甚至与茶没有直接关系，不过点茶法中使用盏托却有好几个必然原因。

第一是，避免烫手。宋代点茶前，熁盏[一]会令茶盏外壁在一段时间内都处于高温环境。盏放在托上移动，可以避免烫手。

第二是，稳定茶盏。茶盏多是口大底小，重心略不稳。当茶盏放在盏托上时，底部有约五分之二的部分嵌在盏托

㊀ 熁（xié）盏，将盏在火上烤。

漆雕秘阁

承之　易持　古台老人

赞曰：

危而不持，

颠而不扶，则吾斯之未能信。

以其弭执热之患，无坳堂之覆，

故宜辅以宝文，而亲近君子。

的圆口里，盏壁与圈口紧密相接，就像被手牢牢地扼住，盏在盏托中的稳定性大涨。

第三是，便于献茶。盏托有宽大的口沿，方便用手端持、传递、交接。尤其是敬茶的时候，双手擎盏托敬茶，是一种庄重的礼仪。在宋人周密的《齐东野语》里说道："凡居丧者，举茶不用托……或谓昔人托必有朱，故有所嫌而然……"这句话的意思是说一般只有在服丧的时候，才不用茶托，因为要避讳茶托上的朱红。

在审安老人的《茶具图赞》里，盏托被称为"漆雕秘阁"。

"漆雕"是和司马、东方、诸葛一样，是中国古老的复姓，在这里喻指盏托的大漆工艺。而"秘阁"是官职，原指皇家的藏书之地。为什么用"秘阁"来命名盏托呢，它要藏什么呢？

这也道出了盏托的另一个重要功能——美学功能。建盏底部一般都不施釉，露出胎土，陶质的圈足略显简陋。当盏放入盏托中的时候，裸露的"圈足"正好通通"藏"了进去，只把最美的一面展现出来。

宋代点茶首选什么盏托？当然是漆器盏托！

漆器，是一种使用大漆进行表面处理的器具。漆器一般先做出胎体，或木，或瓷，或金属；也有在灰麻表面进行上漆处理的，称为脱胎。中国从原始社会起，就已经掌握了这种工艺，历朝历代出现了很多有代表性的制作工艺。

用于点茶的漆托使用木胎，重量轻，质地软。建盏放在上面，整体不会太重。上瓷下漆，材质软硬配合，也不易造成磨损。

在宋代，大量不同工艺的漆托都在使用，不过其中最牛的工艺，算是《茶具图赞》提到的“漆雕”。漆雕也被称为“剔犀”。每一件剔犀盏托都费时耗力，造价不菲。它乍看之下很朴素，但仔细端详，刀口内变化万千。剔犀盏托在制作的时候，要从红、黑、黄等多种颜色大漆中选择至少两种，在胎体上有规律、有层次地髹[一]涂上去。每刷一次，需要晾干一

辽代　张世卿墓壁画中的漆器盏托

兔毫盏　张腾蛟监制开发　　剔犀盏托　何鹏飞制

些时日，然后再继续刷。当积累到一定厚度后，趁漆还未完全干透，在漆上做“雕刻”，剔出花纹。

剔犀盏托和建盏，堪称门当户对，天造地和。

建盏也是一眼看上去黑黝黝的，但在光的照射下，盏釉纹路若隐若现，变幻多姿。两者不单外观风格一致，非常协调，而且还极符合简洁、朴素、低调的宋代审美。

盏托被传入日本，日本茶盏多叫“天目”，盏托也被称为“天目台”。在东京国立博物馆、静嘉堂美术馆、藤田美术馆、奈良国立博物馆等，都有国宝级的收藏。

为盏而生的盏托，与盏形影不离。他们一起用自己的朴实，衬托出茶汤的雪沫乳花。

剔红盏托　当代　何鹏飞监制开发

㈠ 髹（xiū），用漆涂在器物上。

雪涛公子

此君一节莹无瑕
夜听松风漱玉华
万缕引风归蟹眼
半瓶飞雪起龙芽
香凝翠发云生脚
湿满苍髯浪卷花
到手纤毫皆尽力
多因不负玉川家

茶筅是点茶必不可少的茶具，也是最不像茶具的茶具。

许多人看到茶筅，第一反应都说像“刷锅的刷子”。

茶筅的筅字，在字典里的注释是“筅帚，用竹丝等做成的洗刷锅、碗、杯等的用具”。当它在前面加了一个茶字，就表明筅帚后来被引用、发展成为了一件茶具，登上了大雅之堂。

茶筅现在已经是点茶必备茶具，用来击拂茶汤。不过，茶筅并不是一开始就出现在点茶道具中的。

《清异录》中记载五代宋初时期的点茶茶具，“运汤下匕”，以茶匕为工具。宋朝初年林逋在诗里写“筯点琼花我自珍”，这是拿筷子点茶。宋仁宗时，

蔡襄在《茶录》里说“茶匙要重，击拂有力”，这是用茶匙击拂茶汤。到了宋徽宗的时候，茶筅才在典籍中正式出现。《大观茶论》说“茶筅以筋竹老者为之。”南宋的时候，审安老人的《茶具图赞》里，茶筅已经稳稳占据一席之地，被称为“竺副帅”，还有了雅号“雪涛公子”。

《茶筅》

元 谢宗可

此君一节莹无瑕，夜听松风漱玉华。

万缕引风归蟹眼，半瓶飞雪起龙芽。

香凝翠发云生脚，湿满苍髯浪卷花。

到手纤毫皆尽力，多因不负玉川家。

茶筅 当代 陈金信制

南宋、元朝时期，茶筅盛行，用量极大，甚至出现了专门从事卖茶筅的生意人。《夷坚志》里就有一段描写“福州一士，少年登科……士之父以货茶筅为生。”

同期也出现了大量描写茶筅的诗词。韩驹《谢人寄茶筅子》：“看君眉宇真龙种，犹解横身战雪涛。”释德洪《空印以新茶见饷》：“要看雪乳急停筅，旋碾玉尘深注汤”。刘过《好事近·咏茶筅》算是最著名的茶筅词：

谁斫碧琅玕，影撼半庭风月。
尚有岁寒心在，留得数茎华发。
龙孙戏弄碧波涛，随手清风发。
滚到浪花深处，起一窝香雪。

明初的朱权在他的《茶谱》里记载了茶筅的产地、尺寸:“茶筅,截竹为之,广、赣制作最佳,长五寸许……”

不过,随着废团兴散的影响,点茶渐渐没落,为点茶而生的茶筅也渐渐消失,到明末时期,有些茶人竟然已不知茶筅为何物了。

茶筅随着点茶一同传到了日本,被保留下来。日本的茶道大师对茶筅的制作进行了改进,更加适合抹茶,形成了不同尺寸的系列茶筅,以满足各种茶汤击拂要求。

在中国,茶筅随着点茶消失了四百多年。因茶筅多为竹制,竹子很难保存几百年,所以我们现在基本上看不到古代遗留下来的文物,只能在图画、文字记载中去找寻当年茶筅留下的痕迹。

“身欲厚重,筅欲疏劲,本欲壮而末必眇,当如剑脊之状。盖身厚重,则操之有力而易于运用;筅疏劲如剑脊,则击拂虽过而浮沫不生。”宋徽宗是最早对茶筅做了详细描述的人,他从功能要求出发,告诉我们怎样的茶筅才是最佳。

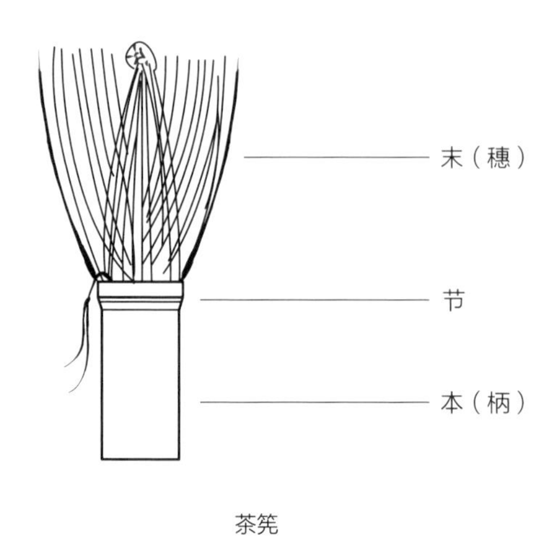

茶筅

茶筅的身，也就是筅柄处要厚重，而前端的穗则要像剑脊一样有弧度且疏劲有力。这样的茶筅击拂起来，才不会产生浮沫。

茶筅根据形状大致可分为三大类：

第一种：筒状

我们从《撵茶图》、金墓壁画上来看，当时这种形状的茶筅很可能是主流，这和当时士大夫们聚会时用大盏点好茶再分饮的习惯有很大关系。在宋代主题古装电视剧里，也出现了以此为蓝本的茶筅复原道具。

我的朋友李国平先生，也复制了这种形制的茶筅，尺寸较一般茶筅为大。筒筅在使用大盏击拂时非常适用，力臂较长，很省力，轻松即可荡起雪沫乳花。

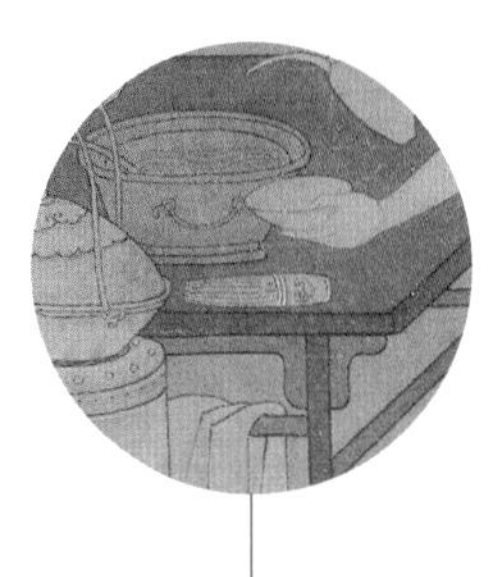

《撵茶图》（局部） 宋 刘松年

第二种：片状

许多朋友知道片状茶筅，也是因为《茶具图赞》里出现的样式。

有学者提到："在江苏武进村前乡蒋塘南宋墓中发现了一只茶筅，世之所存，仅此一件。它是用一小片竹子，一端劈出细长条，另一端作柄，还刷上朱漆，与此图一致。"

宋徽宗时，茶筅穗端已经是带有弧度，像"剑脊"了。这种片状茶筅击拂效果差强人意，可能属于茶匙击拂向茶筅击拂转换过程中的过渡性产品，学者提到的南宋墓中还出现了这种茶筅，很难理解。就像有了菜刀，为什么还用铁片切菜呢？

现代也有类似这种片状茶筅的复刻品。

虽然有人说竺副帅是筒状茶筅，只是《茶具图赞》没有画出透视，但也有人坚信片状茶筅才是正宗的"宋代茶筅"。

竺副帅

善调　希点　雪涛公子

赞曰：

首阳饿夫，

毅谏于兵沸之时，

方金鼎扬汤，

能探其沸者几稀！

子之清节，独以身试，

非临难不顾者畴见尔。

笁副帅　当代复原

除了上面提到的扁平片状茶筅，当代“非遗”匠人陈金信还制作出一种带剑脊弯曲的片状茶筅。后者有利于模仿茶筅击拂，效果不错，还因为其一面筅穗裸露呈钩状，方便拨弄沫饽，进行堆沫创作。

第三种：圆状

圆状茶筅形似灯泡，日本茶道中使用的茶筅大多为这种形制。一般认为这是日本茶道始祖村田珠光请高山宗砌制作的，在当今的日本奈良县高山村，依旧盛行茶筅生产。

茶筅　当代　陈金信制

这种茶筅是日本茶人加工改制后的茶筅，较为宽疏。

这种茶筅分为里外两层。它把竹子劈开，一层向外，一层向内，以便击拂。物性通常都要回到自己的本来样子，圆状茶筅在使用中，两层筅穗经常会外缩内张，聚成一团，可以用筅立矫正。

日本茶道通常在茶会时，会使用新的茶筅。但用过的茶筅也没必要马上丢弃，可以用作日常的点茶和练习。

在日本圆状茶筅被很好地保留和发展，以至于许多茶友一看到圆状茶筅，就认为是日本独有的，实际上，圆状茶筅在宋代就已经出现了。

《货郎图》中，货郎走街串巷，背着堆积如山般的货品，其中不但有点茶用的汤瓶，还有圆状茶筅。不过有人说，货郎的架子上还有许多其他炊具，这个“茶筅”也可能是刷锅的炊帚。那同样出现在体现卖茶人生活的《茗园赌市图》中

的茶筅就不会有异议了吧。

通过实践，目前最适合斗茶盏点茶的是圆状茶筅。其不但大小适中，筅穗击拂有力，而且整个茶筅呈圆状，比较符合中国人追求“圆满”的文化诉求。《大观茶论》里讲点茶技巧的时候，强调注水要“环注盏畔”，手法要“指绕腕旋”“周环旋覆”，这都是追求“圆”，圆状茶筅与此理念非常契合，适合从各个角度的发力控制。

《货郎图》（局部） 宋 李嵩

《茗园赌市图》 南宋 刘松年
台北故宫博物院藏

摆一桌点茶茶席

茶席，可以说是一位茶人内心的表达。

我眼中的茶席，从广义上来说可以从天、地、人三部分去理解。

天，可以是茶人的一种态度、一种情绪、一种价值观，属于道的境界。茶人以茶席之境，带给饮茶人感知与思考。

地，是茶事中使用的物品，器以载道。包括茶品、茶具、香、花，也可以是文房，甚至是整个空间。它是在满足茶事功能性的基础之上，茶人个性的物化表达。

人，是技法、是仪轨，也可能是奉茶后的一个微笑；是茶人在一场茶事中，处理具体人、物、境之间种种关系的行为、规则。

每个人的心中，都有自己理想的茶席，它包含了我们对与茶相关的所有

美好事物的领悟与向往。

宋代大型茶事多有专职人员负责，会将点好的茶直接呈上品饮。南宋时设置了四司六局，四司为帐设司、厨司、茶酒司、台盘司；六局是果子局、蜜煎局、菜蔬局、油烛局、香药局、排办局，专门负责官府、豪族之家宴席上的服务。杭州居民如果遇到礼席，也可花钱请其上门服务。

文人士大夫们，在闲暇时光偶有自己动手点茶、斗茶的惬意行为，宋徽宗也曾在私家曲宴上亲自为臣子点茶。

不过在宋代的书籍、诗词、书画作品中，几乎没有提到茶席这个概念。我们通过当代点茶中积累的实践经验，从功能性角度出发，给大家介绍一些初级点茶茶席的布置原则。属于上述“天、地、人”中“地”的部分。

常用器具：

涤方：存放洗涤茶具的废水。

汤瓶：用于注汤。

建盏：点茶必备，茶汤在盏中被击拂。

盏托：茶盏辅助器具。可与茶盏看作一体。

茶筅：点茶必备击拂工具。

筅托：校正茶筅用，可与茶筅看作一体。

茶罐：又称茶合，盛放末茶。

茶匙或茶勺：盛取末茶。

美学原则：对称。

中国古代以对称为美，这也是中国的一种哲学思想，包含着中庸、平衡、公允、稳健等含义。宋代的儒学大家朱熹，就非常强调平衡、对称的世界观，认为万事万物都是相对的。对称反映了中国人处世行事的一贯风格，对称也被广泛应用在城市规划、建筑、书法、手工艺等诸多方面。

茶席示意

空间原则：直线。

最常用的初级茶席，宜摆成一条直线，尽量避免在行茶过程中，身体出现跨越茶具的情况。

功能原则：

1. 以常用茶器为核心。

使用率越高的茶器越靠近中心，方便取用。不常用的器具放在两端，避免大幅度的动作多次发生。

茶盏是茶汤产生之处，应放在正中。七汤点茶法中，需要多次使用的汤瓶和茶筅，紧靠两边。茶罐、茶勺只取一次末茶；而涤方基本不动，只在开始和结束发生清洗动作时，才会接受茶盏中废水，所以都放在最外侧。

2. 分工平衡。

点茶时，双手的分工要基本平衡。七汤点茶法需要七次拿壶注水，七次拿筅击拂，需要在 2~3 分钟内频繁地拿起放下茶器至少 14 次，如果都由一只手完成，可想而知会显得慌乱。左右分开，则会从容很多。我们建议用左手执壶注汤，右手持筅击拂。此法也早有惯例，南宋《罗汉图》中的童子点茶即是如此。至今日本的四头茶会，也还是这般行茶。

最终茶席布置如下：

茶盏置于正中，盏托居其下。

左手侧依次向外摆放执壶、涤方。

右手侧依次向外摆放茶筅、筅托、茶罐、茶勺等。宋代多用茶匙盛取末。茶匙比现在日本茶道常用的茶勺要短很多，可以放置在筅托的托盘上。

茶以味为上，甘香重滑为味之全。
点茶之色，以纯白为上真，
青白为次，灰白次之，黄白又次之。

一碗茶汤的追求
大宋斗茶国标
皇家七汤点茶法
点茶三昧手
你不知道的茶百戏

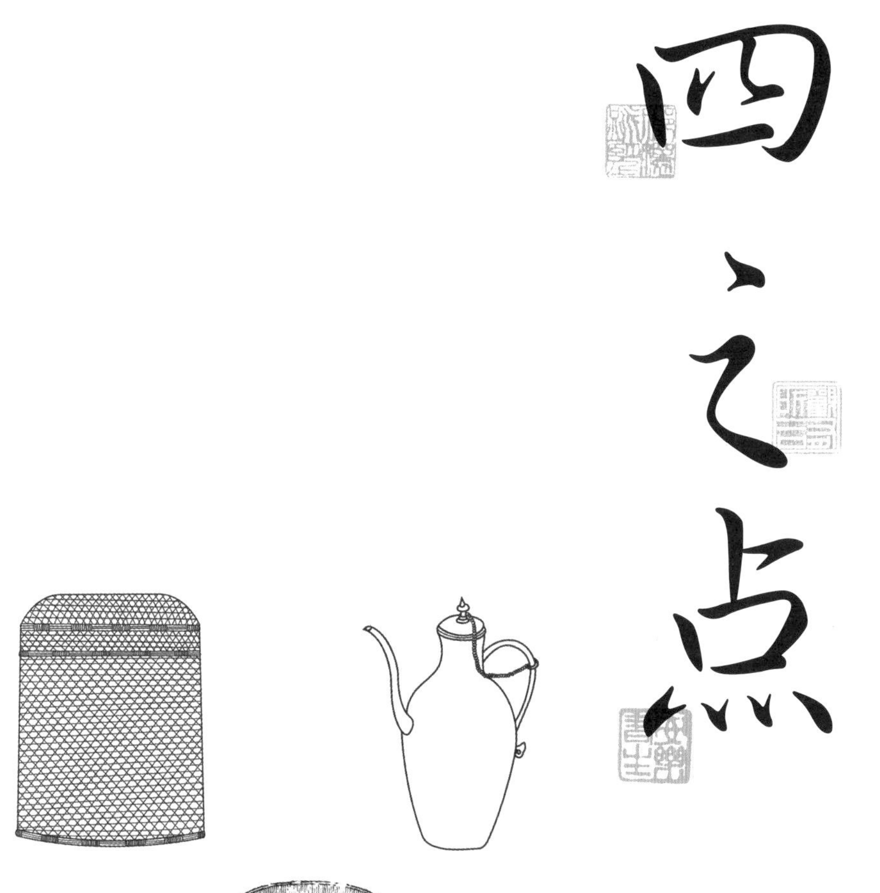
四之点

一碗茶汤的追求

夫茶以味为上
甘香重滑
为味之全

宋徽宗说“夫茶，以味为上”。茶汤是用来喝的，当然以滋味为上，抛开滋味谈茶汤，无异于舍本逐末。

当代流行的泡茶法，主要品饮的是液态的茶汤。相比之下，点茶的品饮则显得更加丰富、立体。

一盏乳沫汹涌的茶汤，同时由三种形态的物质构成：

不溶于水的末茶，这是固态；

气泡堆积而成的沫饽，这是气态；

而沫饽下的茶汤，则是液态。

吃茶时，固态、液态、气态三种形态的物质同时作用，尤其是沫饽的爆裂，以丰满、变化多端的触感，催化提升了茶的甘香滋味，引起一场口腔风暴。

同样的，茶在使用瀹泡法和点茶法时，会形成两种决然不同的体验。我经常建议茶友，品饮点茶时要将茶汤在口中略含一会儿，一来可以细细体会沫饽爆裂带来的触感变化，二来给茶汤中的固态末茶一个沉淀时间，它们会依附在口腔壁、舌下、牙龈处，让口腔长期充满茶香、留有回韵。

那怎样才算是好茶味呢？《大观茶论》中给出的标准是“香、甘、重、滑”。

“香”，是茶自然本真散发出来的味道。宋初制作贡茶时，原料多用早春嫩芽，因担心其中滋味不足，经常会添加香料助味，诸如麝香、龙脑。我们曾尝试用沉香调和末茶点饮，香气独特，口感亦佳，算是一次不错的体验。

至蔡襄时，提出了“茶有真香”，宋徽宗也认同这一点，认为龙麝之香不可与茶香比拟，要去除任何添加，单享茶中真味。

清雅脱俗的兰香在宋人眼中是最高贵之香气，深受文人喜爱。兰花是中国花中四君子之一，花色淡雅，香气清幽，有谦谦君子之风。文人们认为上好的茶香，应该是与兰花香比翼的，甚至超越兰花香。石待举有诗“香殊兰茝得天真”，王禹偁写“香于九畹芳兰气”，范仲淹则说“斗茶香兮薄兰芷”。文人们以兰花比茶，以香喻事，把茶事也当作了淡泊高雅的君子之行。

“甘”，它与“香”直到今天还都是品鉴好茶的标准。陆羽时，受制茶工艺所限，还会在煎茶时加入盐降低茶汤苦涩。而到宋代，蔡襄写“甘香一

味未忘情”，韩淲作“吃得一杯茶味甘”，南北宋都把“甘”当作点茶滋味的基本要求了。

“滑”，在使用泡茶法时，这种感觉经常会出现在品饮老茶的场合，茶汤糯糯的，好像充满了油脂。在使用点茶法时，则从两个方面对此提出要求：一是盏中茶水完全交融，茶汤黏稠顺滑，像牛奶一般；二是末茶本身的制作必须到位，饮用时不能有涩的感觉。

比较难理解的是“重”。“重”在泡茶法中，没有与之完全对应的感觉。“重”形成的主要原因是固态、液态、气态三态造成的触感，饱满的炸裂感让口腔得到强烈冲击。另外，它也有点儿像品岩茶时感受到的“岩骨”，茶中蕴含的丰富物质，让你觉得一盏茶非常“有劲儿”。

除了滋味之外，做一盏大宋的茶汤，必须还要讲颜值。

宋代点茶审美的核心意趣就是“白”。

白色其实是无色之色，它给人以清新脱俗、高冷纯洁的感觉。早在庄子《逍遥游》中就描述有这样一幅纯美画面：“藐姑射之山，有神人居焉。肌肤若冰雪，淖约若处子。不食五谷，吸风饮露，乘云气，御飞龙，而游乎四海之外。”看，道家用冰雪之白来形容仙人的肌肤，代表了一种清静无为境界。

宋代文人崇尚白色，既是出淤泥而不染的节操之情，也是雪月风花的浪漫之趣。文人们对追求白色茶汤不遗余力，也毫不吝惜赞美之词。“桥上杯茗烹白雪，枯肠搜遍俗缘消”，这是北宋韦骧饮茶脱俗之语；“茗煮寒泉饮清白”，这是南宋王十朋品茗表志之句；“解作丰年雪花白”，这是宋初毛滂以茶企冀丰年的美好愿望；至于“自看雪浪生珠玑”，这是苏东坡亲手为客烹茶的欢趣之句。

不光是沫饽要白，宋人连茶叶、茶末都以白为上。

徽宗对白色的茶推崇到了极致。他在《大观茶论》里还特意提到了一种“白茶”：

“白茶自为一种，与常茶不同。其条敷阐，其叶莹薄。崖林之间偶然生出，盖非人力所可致。正焙之

白化变异的茶　黄悦摄

有者不过四五家，生者不过一二株，所造止于二三胯[1]而已。”

这种所谓的“白茶”不能和现在以工艺分类的“白茶”混淆。现在说的白茶，通常是指使用“生晒后干燥”工艺制作出来的茶，主要产区在福建东北部宁德地区。而宋徽宗说的白茶则是指叶子发生了白化变异的茶，《东溪试茶录》中称之为“白叶茶”。这种白茶珍惜异常，在当时极为少见，一年产量也就只能造几饼茶，皇帝都不可多得。梅尧臣《王仲仪寄斗茶》道出了它的价值：“白乳叶家春，铢两直钱万。”

范仲淹的《和章岷从事斗茶歌》则和白色末茶有关。

《和章岷从事斗茶歌》简直就是宋代点茶的纪录大片，从茶叶的采摘、制作，到斗茶、品饮，以及历史、文化、社会各方面，写得十分生动，一创作出来，就脍炙人口，广为流传。

当时最著名的茶家非蔡襄莫属，他在北苑为皇帝督造贡茶。范仲淹拿着诗来请教。蔡襄照例上来先一通夸：

㊀ 胯（kuà），计茶数量的量词。

“您这《斗茶歌》写得太棒了，气势宏大，笔力雄厚，辞藻华丽。人们争相传颂，已经流传很久啦。但是……”

什么话都怕“但是”，范仲淹一听赶紧问，我这“但是”是啥？

蔡襄说：“你这诗，欠缺考虑，明显制茶经验不足啊。就说其中两句‘黄金碾畔绿尘飞，碧玉瓯中翠涛起’。你本来是要夸茶好，但是当今的绝顶好茶却是白色的，你这里写的翠绿之茶是下品，普通的凡茶啊。”

范仲淹一听就笑了，连忙请教说：“您是茶专家，我这病句，您看怎么改？”

蔡襄告诉他：“改俩字。绿改玉，翠改素，变成‘黄金碾畔玉尘飞，碧玉瓯中素涛起’”。

范仲淹大喜。[一]

㊀ 范仲淹《斗茶诗》此句有多版本，如“紫玉瓯心雪涛起”。本段故事据《青琐高议·诗渊精格》引用。

现在国内有不少地方有白化茶树，如果将其按古法蒸青研膏法制作宋代团茶，不知道磨出来的茶末能否呈现白色呢？

宋代文人点茶审美的建立，一定是以白色茶汤为核心的，白色茶汤是一切关于点茶美好事物的根本。“茶色白，宜黑盏”，由此确定主力茶盏使用黑釉瓷，再选用衬托黑色茶盏的红色盏托，其次再配以其他纯色素釉的茶器，最后建立起一套气质内敛、低调奢华的独特审美系统。

这完全不同于现代的日本抹茶。日本抹茶茶汤色彩强烈，以绿色为主。日本茶道也围绕绿色茶汤，拥有自己的美学系统。日本从种植茶树的环节，就开始考虑如何能让茶叶颜色更绿，其采制蒸青绿茶的主要茶树品种薮北种，其中的叶绿素含量都要远远高于我国茶树树种。

此等莫与北俗道，只解白土和脂麻。

欧阳翰林最别识，品第高下无欹斜。

晴明开轩碾雪末，众客共赏皆称嘉。

建安太守置书角，青蒻包封来海涯。

清明才过已到此，正见洛阳人寄花。

兔毛紫盏自相称，清泉不必求虾蟆。

石缾煎汤银梗打，粟粒铺面人惊嗟。

诗肠久饥不禁力，一啜入腹鸣咿哇。

《次韵和永叔尝新茶》

宋　梅尧臣

自从陆羽生人间，人间相学事春茶。
当时采摘未甚盛，或有高士烧竹煮泉为世夸。
入山乘露掇嫩觜，林下不畏虎与蛇。
近年建安所出胜，天下贵贱求呀呀。
东溪北苑供御余，王家叶家长白牙。
造成小饼若带銙，斗浮斗色倾夷华。
[illegible]竟日在，不比[illegible]令舌窊。

大宋斗茶国标

斗浮斗色
倾夷华

拥有诸多美好的茶汤，不来比试一下，斗斗茶，爱玩儿的宋人们是万万不肯的。斗茶在宋代被推到了巅峰。

其实国人斗茶的历史要比点茶早。唐朝主要是“斗新”。白居易写过一首诗《夜闻贾常州崔湖州茶山境会亭欢宴》：

遥闻境会茶山夜，
珠翠歌钟俱绕身。
盘下中分两州界，
灯前各作一家春。
青娥递舞应争妙，
紫笋齐尝各斗新。
自叹花时北窗下，
蒲黄酒对病眠人。

这诗大概写于唐敬宗宝历年间（825—827年）。白居易生卒为772—846年，创作此诗时他50多岁。茶圣陆羽生卒约是733—804年左右，比白居易大近40岁，这时候已经去世了，也不知道这老哥俩一起吃过饭没有。

陆羽《茶经》成书大概在780年之前，在其中《八之出》里记载："浙西，以湖州上，常州次，宣州、杭州、睦州、歙州下，润州、苏州又下。"白居易少年的时候，太湖周边的湖州、常州就已经是著名的贡茶之乡，有文为证，板上钉钉。

湖州产顾渚紫笋，常州产阳羡紫笋。顺便说一句，"阳羡"即现在的"宜兴"，这个地方后来还盛产一种特产——紫砂。

"贾常州"管着常州，"崔湖州"管着湖州，这两位都是地方上的一把手，一起邀白居易来斗茶。地方最高长官来搞这种事情，对茶的重视程度不言其说，茶会俨然已是春天第一雅事。两州年年斗茶，甚至在交界的地方，还特意盖了一座"境会亭"。

白居易有次从马上掉下来，估计是喝酒喝多了，他养病在家里不能出门，只能继续喝蒲黄酒。听说朋友们在开茶会，心里这个着急。茶会赶不上就算了，等下一次呗，为什么还要特意写这首诗，表示人不能到，心一定要在。这个茶会为何如此重要，让白居易这般重视。

奥妙就在“斗新”两个字上。

斗新茶，一年就只有一次，过了这个村就没这个店了。

哦，白居易的“青娥递舞应争妙”，明年再见了。

唐末，斗茶已经成为流行于福建地区的习俗了。《云仙杂记》说，“建人谓斗茶为茗战。”这时候斗茶就不是简单的斗新了，它接近“点茶”的斗茶标准了。之后由于贡茶的产区也慢慢转移到建瓯，占尽天时地利的福建人直接领导了斗茶潮流，使之持续风靡两宋。

五代后周的名臣和凝，嗜好饮茶，他在朝里当官时，“率同列递日以茶相饮，味劣者有罚，号为‘汤社’”。其每天居然带着同僚们品茶、斗茶，谁要是输了，还会受到惩罚。他组织的“汤社”可能是最早的官场斗茶组织了。

茶传入日本以后，也流行过斗茶。室町时代（1336—1573年）是斗茶初期，以辨别所品饮的茶是“本茶”还是“非茶”为准则。“本茶”就是使用荣西和尚从宋带回的茶籽，在京都拇尾山高山寺种植的“拇尾茶”，而其他地方的茶就叫“非茶”。斗“本茶”与“非茶”，其实是受到宋朝的影响，宋家皇室也有北苑正焙贡茶与其他外焙茶的区别。后来日本斗茶逐渐发展到斗四种十服茶、百种茶。斗茶获胜的人，可以赢得名贵的唐物作为奖品，有茶碗、陶器、扇子、砚台等。

斗茶不但斗茶品，还斗茶器、斗茶令、斗茶人鉴赏能力。不论采取什么形式的斗茶，都和历史背景分不开。

当今的中国，各地也经常有斗茶活动，几乎每个重要的茶产区都有自己的比赛。斗茶叶“色香味”的，往往选出特极、甲级或者金奖茶品得主；斗加工工艺的，会角逐出类似“炒茶王”这样的称号；某些有影响力的媒体也曾办过一些茶王比赛，专门斗参赛人的鉴赏能力，看谁识别茶又快又准。

在宋朝，斗茶活动流行，上至天子，下至百姓，无茶不斗。

宋徽宗的《宫词一百首之八十二》记录的宫廷斗茶是这样的：

上春精择建溪芽，
携向芸窗力斗茶。
点处未容分品格，
捧瓯相近比琼花。

张继先的《恒甫以新茶战胜因咏歌之》记录的道家斗茶："人言青白胜黄白，子有新芽赛旧芽。龙舌急收金鼎火，羽衣争认雪瓯花。蓬瀛高驾应须发，分武微芳不足夸。更重主公能事者，蔡君须入陆生家。"

宋人江休复《嘉祐杂志》记载了文人斗茶。苏舜元与蔡襄斗茶多次不胜，于是出奇兵再战，选用了天台山竹沥水，大胜蔡襄的惠山泉。"天台竹沥水味在惠泉之上"从此成了公案。

范仲淹的《和章岷从事斗茶歌》描写的民间斗茶活灵活现，"胜若登仙不可攀，输同降将无穷耻"，而且获胜者"赢得珠玑满斗归"都不在话下。

斗茶是一个综合性的比试，需要末茶、用水、煎水、器具、点茶技艺各方面的契合，才能取胜，不是简单的茶好就一定能赢。

好茶遇佳水，如琴者逢知音；煎水老道，点艺超群，似良将用兵。

水痕

要想斗茶获胜，先要了解斗茶的标准。

梅尧臣的《次韵和永叔尝新茶杂言》里有一句诗：“斗浮斗色倾夷华”，算是对宋人斗茶标准的高度概括：斗浮和斗色！

首重“斗浮”，也就是斗茶汤上的漂浮物——沫饽。

《茶经》说：“沫饽，汤之华也。华之薄者曰沫，厚者曰饽，细轻者曰花。”《大观茶论》载：“茗有饽，饮之宜人，虽多不为过也。”无疑，沫饽是茶汤的精华。沫饽有许多好听的名字，浚霭、凝雪、汤花、云脚、乳雾、云腴、花乳等，都是形容它又白又厚又细腻，像天上的云彩、像佛陀的醍醐㊀。

点茶时，拨开茶汤的沫饽，会看到下面露出来的茶水，这个叫作水痕。

㊀ 醍醐，酥酪上凝聚的油。酥酪，性甘美温润，气味清凉，古以此为纯一无杂上味。

《茶录》说：“建安斗试以水痕先者为负，耐久者为胜，故较胜负之说，曰：相去一水、两水。”也就是说，斗浮的标准就是“沫饽消散，先露出下面的水痕就算输了”。对于这种有趣又精彩的拼斗标准，各位大文人纷纷表示出极大的兴趣，撰写了许多的诗句来形容。

苏　轼：水脚一线争谁先。

王　珪：云叠乱花争一水。

曾　巩：贡时天上双龙去，斗处人间一水争。

李处权：灵芽动是连城价，妙手才争一水功。

水痕露出有两个主要原因，一个是击拂出来的沫饽不够多，遮盖不住水痕；另一个是虽然产生沫饽，但很快即爆裂消散。

这主要和茶本身的品质、制作工艺有关，但也会受到击拂的技艺、水质水温、茶器等影响。

沫饽不多称为“云脚散”。现在的日本抹茶，并不追求沫饽，茶中的物质求鲜不求沫。有的茶还被称为云脚茶，这种茶在击拂的时候，反而要求不可出现太多的沫饽。

爆裂的沫饽

接下来说“斗色”。

我们已经知道，宋人点茶重白色。蔡襄《茶录》开篇即说：“茶色贵白……黄白者受水昏重，青白者受水鲜明，故建安人斗试，以青白胜黄白。”《大观茶论》说：“点茶之色，以纯白为上真，青白为次，灰白次之，黄白又次之。”这两位大咖明确说明了斗色的标准：沫饽颜色第一纯白，第二青白，第三灰白，第四黄白。果然还是长得白有优势。

注意，这里说的斗色斗白，指的是沫饽的颜色，并不是下面茶水的颜色。斗茶的时候，首先要看谁的沫饽白。如果一样白，才有资格再继续比斗浮。

我们现在点茶，多用散茶磨制末茶。磨出来的末茶颜色大致分为两类：

绿、浅绿、浅黄色系：

绿茶、新白茶、黄茶、

轻发酵乌龙茶、生普……

棕、褐、深黄色系：

红茶、黑茶、重发酵乌龙茶、

老茶……

虽然末茶颜色不一，但击拂出来的茶汤，还是按纯白为上的原则进行评判。有时候老茶的茶末虽然看起来颜色很深，但沫饽却白密异常。

宋代受制茶工艺的限制，绝大多数为蒸青制作。能够达到色白、饽厚、香甘重滑实属不易。今时的茶栽培种植加工科技大为发展，国内早就形成了六大类茶的制作方法，茶香各异，甚至原本极其稀缺的白化茶树也已经量产。其中那些经过发酵的茶，通常都会出现厚厚的沫饽，且经久不散。

是固守古法只用蒸青研膏茶来斗茶，还是接轨时代，海纳百川，重新创造囊括当代各类茶的新斗茶标准，是我们正在面临的有深远意义的选择。

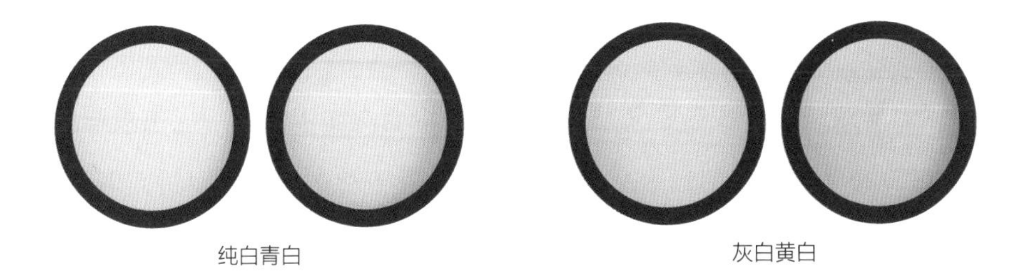

纯白青白　　　　灰白黄白

皇家七汤点茶法

点茶不一
而调膏即刻
以汤注之

在宋徽宗的《大观茶论》里，记载了一种被后世称之为“七汤点茶法”的击拂方法，可以说是点茶的最高级别手法。

宋徽宗把点茶上升到了一种近乎行为艺术的标准。《延福宫曲宴记》《保和殿曲宴记》中记载，他按这个标准给臣子们点茶，大臣们倍感宠幸之际惶恐至极。宋徽宗可以称为当之无愧的世界点茶第一人。让我们来看看这个帝王级的标准作业流程，当代每个宋代点茶爱好者必修的顶级功课——“七汤点茶法”。

“七汤点茶法”顾名思义，就是向茶盏中七次注水点茶。点茶被详解为七个步骤，每个步骤如何运水、如何击拂、茶汤达到什么标准才可进入下一步，都有详细的要求。

点茶不一，而调膏继刻，以汤注之。妙于此者，量茶受汤，调如融胶。

“点茶不一”，这四个字有很强的“中国式思维”。

中国人的饮食文化独步天下，但你去翻看菜谱，多是写着加盐若干、醋少许、香油几滴、干辣椒小把等，计量单位多是模糊的。中国人认为每次炒菜时的条件不一样，每个人的口味咸淡不一，要根据彼时的情况“看菜炒菜”。

点茶亦如此，也没有一个固定的、必须完全遵守的规则。投多少茶、注多少水或者击拂多少下，每盏茶都是不一样的，要“看茶点茶”。

开始正式注水点茶前，先要进行两个准备工作。

第一个：熁盏，用火烤茶盏。《茶录》曰：“凡欲点茶，先须熁盏令热，冷则茶不浮。”建盏的厚壁熁盏时吸收了热量，在点茶过程中可以辅助茶汤保持高温，激发茶香。这个习惯一直被保留下来，今天经常看到茶事中有对茶具预加热的步骤，只不过火烤多演变成用热水烫洗。

第二个：调膏。注意，这一步很重要，它是水与末茶在后面七次注汤击拂缠绵中，达到最终交融一体的重要前戏。

先根据个人口味，取若干末茶。通常情况下，斗茶盏使用一小茶匙即可，约0.5克。末茶置入后，先倒入少许的水，茶筅在盏底缓慢转动调和。水一定不要多，刚好能调成膏状即可，此即“调如融胶”。想想日常生活中，那些比茶粉粗糙的面粉或者玉米粉，它们在用水调和的时候，不也都是一点点加水，才能更好地相融吗？

宋徽宗特意提出这一步骤，还有一层深意。当我们倒入末茶的时候，它通常会不规则地洒在盏底，或隆起成团，调膏可以让末茶最终均匀地分布在盏底、盏壁。宋徽宗非常重视“匀”这一要求，后面环形注水、击拂等都是为了达到“匀”的效果。调膏均匀，点茶时会有助于发挥茶力。如果这一步没有做到位，你会发现点茶时会分出很多的精力才能解决这个问题。

调膏

调膏另外还有两个好处。其一，这是水与茶的最初相见，扑鼻茶香自盏中四溢开来、沁人心脾，先声夺人引人注目。其二，高手通过调膏便可观茶性、水性、融合性，以便确定后续的击拂手法。

许多人把调膏当作第一汤，我的看法与此不同。调膏虽然出现了注水动作，向茶盏中添加了一点儿水，但这不能算第一汤。因为光是调膏这一点水，不足以达到一汤“疏星皎月，灿然而生”的效果。

调膏后，即开始注汤，七汤法真正开始了。

“环注盏畔，勿使侵茶。势不欲猛，先须搅动茶膏，渐加击拂。手轻筅重，指绕腕旋，上下透彻。如酵蘖之起面，疏星皎月，灿然而生，则茶面根本立矣。”

七汤就像盖楼，一层层地积累。第一汤的基础必须打好。

注汤是点茶用水的第三个难点。

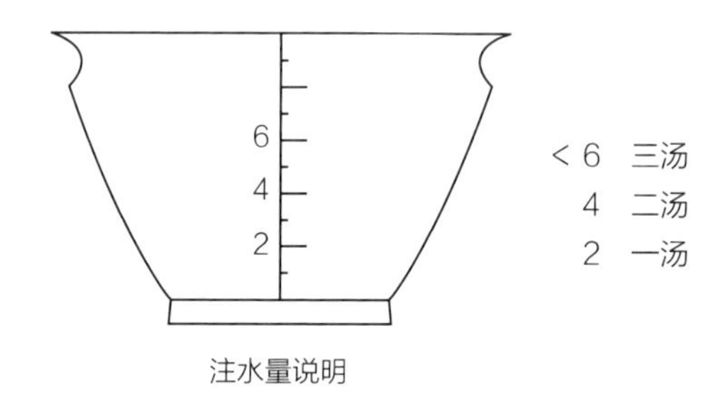

注水量说明

大家对注水量要有个整体概念，茶汤量最终约占整个盏高的60%，大概在图中刻度6的位置（如上图示）。这样的水量，比较适合击拂，既不会太少影响激荡，也不会太多溢出盏外。

注水手法要一圈一圈环形注在盏壁上，不要直接注在茶面上，注水的气势也不要太迅猛。击拂前要先搅动一下茶膏。这些都是为了保证茶味达到“均匀”的效果。第一汤大约注水到刻度2的位置（如上图示）。

茶筅轻触盏底，前后快速运动，路线像英文字母“I”。通过手指手腕的灵活带动，让茶筅的力量穿透整个茶汤。汤面渐渐起沫，能看到像和面、酿酒发酵时物体表面产生的小气泡。

黑色的盏与混沌的茶水，似夜幕中的苍穹，此时茶汤通过击拂初显白色，像一轮皎洁的满月在夜空中灿然升起。达到这个效果，第一汤就算圆满完成。

第二汤自茶面注之，周回一线。急注急止，茶面不动，击拂既力，色泽渐开，

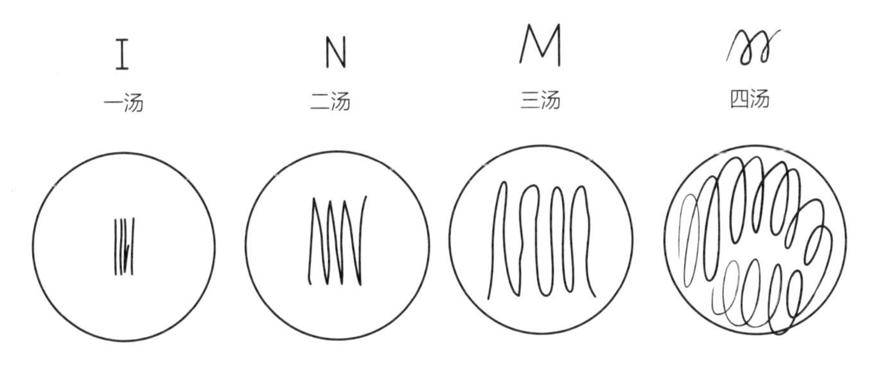

茶筅击拂路线

珠玑磊落。

第二次注水，继续注在茶汤水平面以上的盏畔，注意保持“茶面不动”。第二汤，大约注到茶杯刻度 4 的位置（如上页图）。接下来，茶筅要开始激烈地运动，必须给以充足的激荡空间。

“击拂既力”，充分发力让末茶与水碰撞，尽可能析出内含物。茶筅迅速甩动，兼顾左右，形成N型路线。刚开始击拂时，会听到“哗哗”的水声，不一会儿，就变为浓汤会发出的“噗噗”声，手上也明显感觉到茶筅受到的阻力增加。茶的颜色比之前更加显白，出现更多大小不一的不规则气泡，即“珠玑磊落”。

“三汤多寡如前，击拂渐贵轻匀，周环旋复，表里洞彻，粟文蟹眼，泛结杂起，茶之色十已得其六七。”

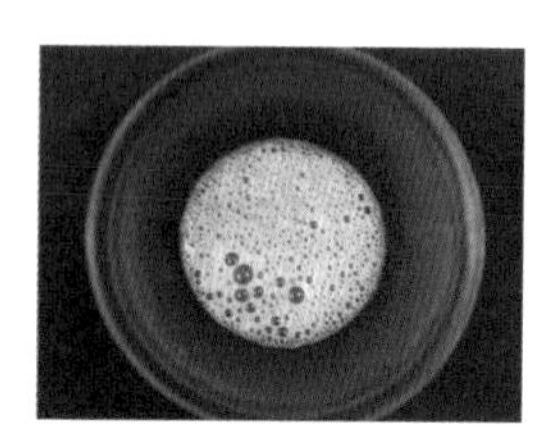
一汤　疏星皎月　灿然而生

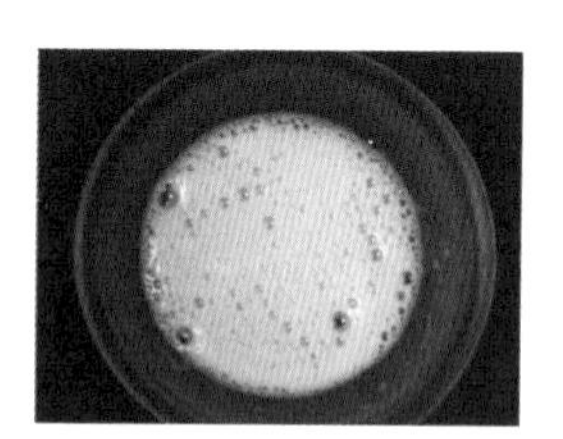
二汤　珠玑磊落

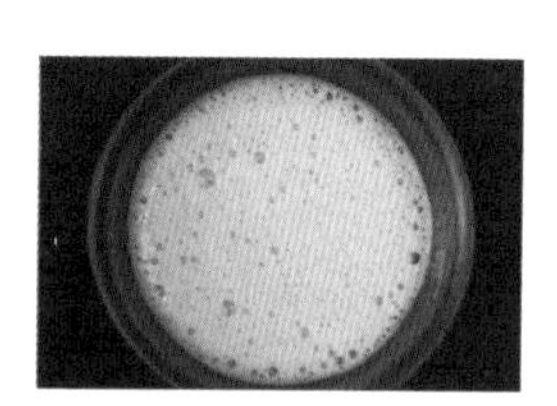
三汤　粟文蟹眼　泛结杂起

四汤　轻云渐生

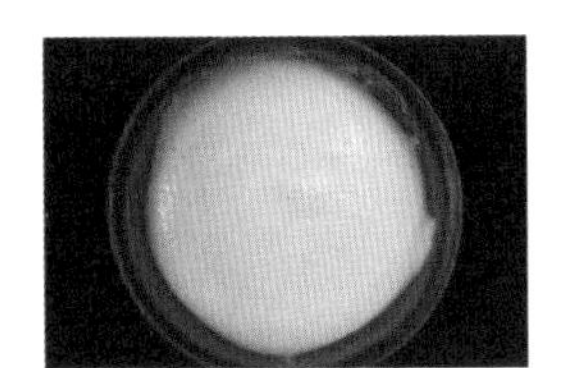

五汤　结浚霭　结凝雪

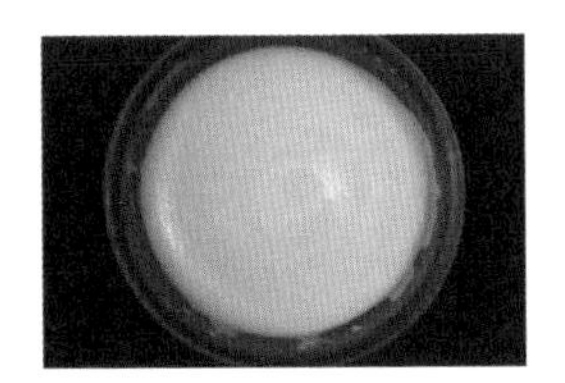

六汤　乳点勃然

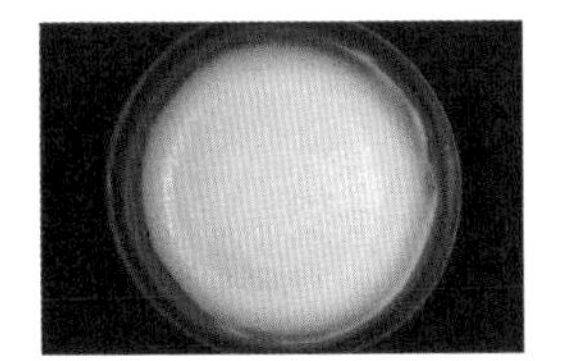

七汤　乳雾汹涌　溢盏而起

第三次注水，大约到刻度 6 略下一点的位置（如上页图）。前三汤基本已经完成总注水量的 90% 以上。后续四汤只需少量注水。

此时水量已超过盏高的一半，击拂的力量需开始收敛，防止动作太猛导致沫饽溅出盏外。茶筅略微提起，进入茶汤一半即可。手上开始增加一些旋转力，茶筅击拂路线为 M 型。二汤产生的不规则气泡，逐渐被击碎变小，大小如小米或者螃蟹眼睛，密密麻麻地结在茶汤表面。此时，茶之色已经完成了百分之六七十。

四汤尚啬。筅欲转稍宽而勿速，其真精华彩，既已焕然，轻云渐生。

第四汤开始，注水变为少量。茶筅提起至茶汤的约四分之一深度，击拂半径变得大一些，注意不要再上下激烈鼓荡，以免重新激发大气泡。主要在沫饽表面轻拂茶的真精华彩在这一刻被焕发，气泡更加绵密，在茶汤的表面慢慢堆积，看起来像大朵白云。

五汤乃可少纵，筅欲轻盈而透达。如发立未尽，则击以作之；发立已过，则拂以敛之。结浚霭，结凝雪，茶色尽矣。

第五汤注水后，击拂可以随意一些。技术层面的操作基本完成后，宋徽宗开始强调艺术层面的要求了。茶筅在手上的力量，要有一种空灵的感觉，不要使拙劲。筅可以从茶汤中稍微再提起一些，击拂集中在茶汤表面，力量要轻盈，但是要透达到茶筅的顶端，用心去感受筅尖与沫饽的共舞。这时候，如果沫饽的形成还有欠缺，就再把它激发出来，如果沫饽已经很多了，可以轻拂收敛。

点茶不是一味地追求沫饽多、厚，而是“适中”。结浚霭、结凝雪就是最佳状态。我们在南方的山谷中看过聚集的云气，那就是浚霭；我们在北方雪后的早晨，看到过白茫茫一片未经践踏的雪原，那就是凝雪。茶汤如此，茶色就被完全激发出来了。

“茶色尽矣”是不是就可以喝了呢？现代人可能早已经等不及了，不过，对于宋徽宗这样的超级点茶艺术家来讲，还缺两道工序呢，请看下面的操作。

六汤以观立作，乳点勃然，则以筅著居，缓绕拂动而已。

第六汤“以观立作”，主要是观看沫饽变化。茶内所含的蛋白质、果胶等物质，以及击拂技巧决定了沫饽的稳定状态。不稳定的气泡会很快破裂掉，耳朵甚至能听到“呲呲”的爆破声。气泡在趋于稳定的变化中，可能会出现茶汤表面不平整的“乳点勃然”，可用筅在汤面缓慢拂动抚平。

七汤以分轻清重浊，相稀稠得中，可欲则止。乳雾汹涌，溢盏而起，周回凝而不动，谓之咬盏。宜匀其轻清浮合者饮之。

七汤后，茶汤稳定下来。按照宋徽宗的说法，越靠近上面轻清的茶汤越好，“宜匀其轻清浮合者饮之”。沫饽浓稠度既不能太厚，也不可太薄，两者都会影响口感。个人根据自己的喜好，达到满意的状态就可以完成点茶了。

终于可以开始品饮啦。这时候茶汤的表面，浓厚的乳雾汹涌而起，如果仔细观察，沫饽的中心极具张力，明显高于茶汤水平面，“溢盏而起”。而盏壁也会挂有不少的沫饽，即使旋转茶盏，也不会随之流动，就好像牢牢地咬在上面一样，称之为“咬盏”。

这样的一盏帝王级的饕餮茶汤，请慢慢享用。

点茶三昧手㊀

道人晓出南屏山
来试点茶三昧手

点茶的时候，经常会被问道：“为什么要点七汤？”

台北九壶堂的詹勋华先生是我敬重的一位老师，他曾建议：“点茶在四汤能完成，似乎以茶来说较为合理，节奏也较为明快。茶本来面目见于世，予人为鲜，端正心性则为清明，茶涩苦，则俭德，天真自然，至于古法七次反覆，是否可以斟酌？”

陆羽在《茶经》中明确说过：“茶之……为饮，最宜精行俭德之人。”詹老师的茶观，直追古圣陆羽之意。

㊀ 三昧，佛教语，又译“三摩地”。意译为“正定”，谓屏除杂念，心不散乱，专注一境。

日本茶道可以说是真正继承了宋代点茶，并且把其发扬光大的茶法，其点茶时也多为一次注汤完成。

实际操作中，除了斗茶和讲课演示，在日常品饮时，我个人也多以二三次注水完成茶汤。

单次注汤，还是二三四五六七多次注汤，这个次数，其实与个人内心深层次的价值观、美学认知体系、社会环境，以及对当下这盏茶汤的要求标准都是有很大关系的。

宋徽宗提七汤，离不开他特殊的皇帝身份。

七在中国传统文化中有着独特意义。

首先，它代表着尊贵，《礼记·王制》说："天子七日而殡，七月而葬""天子七庙，三昭三穆，与太祖之庙而七"。七是王者的象征。天子的丧礼规定停放灵柩七天，七月下葬。帝王祭祀先祖则设七庙，这都表现出以"七"为敬重。

其次，七也是一个完美的变化周期。"天枢、天璇、天玑、天权、玉衡、开阳、摇光"组成了北斗七星，它们在天空中的特殊位置，是我们辨别四季的重要依据。很多人认为星期的概念是从西方来的，实际上中国人早已经将四季七星二十八宿引入到历书之中。晋代李充《登安仁峰铭》载，“正月七日，厥日为人；策我良驷，陟彼安仁。”一千六百多年前，新年的第七天就被设立为“人”日。

此外还有很多应用，人有七情七窍，色有七彩，琴有七弦，诗有七言、七绝、七律，算盘有七粒算珠……

宋徽宗创七汤点茶法时，北宋的国力已达顶峰。宋徽宗身为皇帝，极品贡茶和美物好器可谓是应有尽有，可随心所欲地使用举国之茶事精华皆为他的一盏茶汤所用。宋徽宗的审美水准自然是顶配，他身边日常围绕的人，也都是文化艺术品位极高的文人。此外，宋徽宗还深信道教，所以他的这盏茶汤之追求，不仅是茶之初味、茶之精行俭德，更多的是一种他人无法企及的极致体验，一种神仙境界，一种大化圆满，他要在一盏茶汤里展现天人合一。“七汤点茶法”缔造了中国茶文化的巅峰时刻。

时代不一样了，我们已经无法完全再现“宋代点茶”，今人学习、实践“七汤点茶法”的意义在于体味古人追求极致的精神，在不断地探索、体验中超越自己，不能简单地把它当作一种行茶技艺看待。

点茶的高手，会被称为“三昧手”。

苏东坡在杭州有一位茶友——南屏谦师，苏东坡尝过他点的茶后赞不绝口，惊叹谦师是点茶三昧手之余，直接赋诗一首。就因为三昧手，“老谦”

《送南屏谦师》

道人晓出南屏山，来试点茶三昧手。

忽惊午盏兔毛斑，打作春瓮鹅儿酒。

天台乳花世不见，玉川风腋今安有。

先生有意续茶经，会使老谦名不朽。

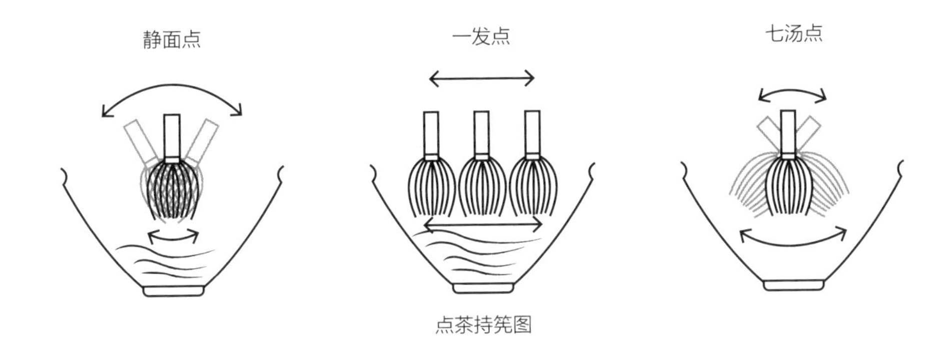

点茶持筅图

名流百世了。

学习七汤点茶法，千万不能流于形式，变成简单的“走流程”，要注意到每一个步骤、动作之后的深意，每一次的练习更要全身心投入，在熟能生巧中领悟茶汤之味，练就自己的点茶三昧手。

教给大家几个点茶技巧。

先说运筅。

初学的朋友多有感受，自己用了很大力量点茶，手、腕、臂都累得不行，可是却没有击拂起来沫饽。有时候，看到别人运筅如飞，好像手上装上了小马达，而自己却怎么也提不起速度，好生羡慕。其实，这些技巧全都在手与筅的操作关系上。

《大观茶论》里记载了三种运筅手法。

先说两种错误的手法。

手重筅轻——静面点

“手重筅轻，无粟文蟹眼者，谓之静面点。盖击拂无力，茶不发立，水乳未浃，又复增汤，色泽不尽，英华沦散，茶无立作矣。”

这种方法是初学者最易犯的错误。虽然用力击拂但茶汤表面却变化很小（静面点），沫饽很少（无粟文蟹眼）。主要原因是手虽然看起来很用力（手重），

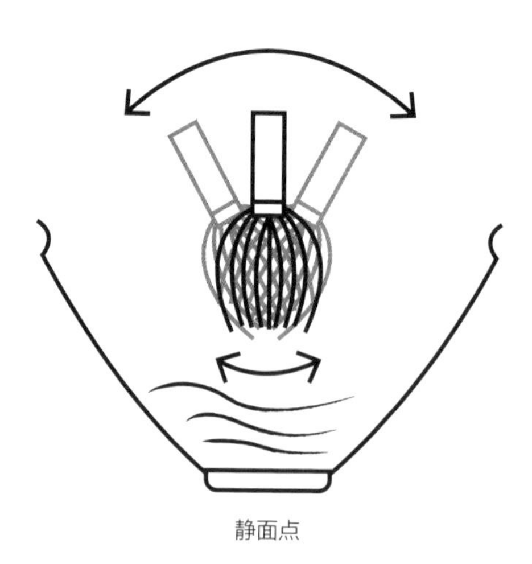

静面点

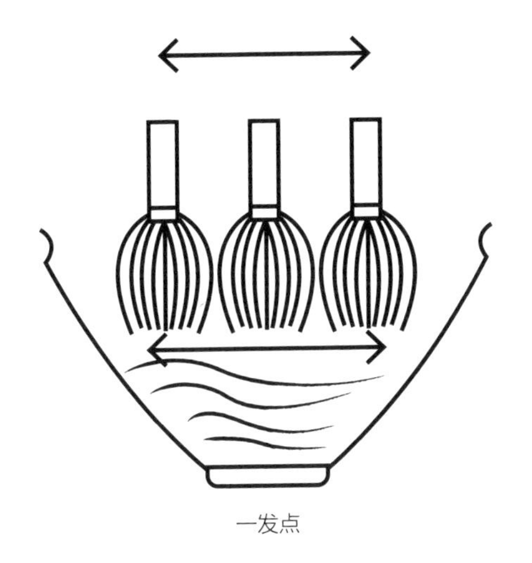

一发点

但是力量并没有把筅甩动起来（筅轻），茶筅穗头部分不能在茶汤中充分运动、激荡，再加上有时茶水还没充分融合，就马上注水，导致“茶无立作”。

另一种是手筅俱重——一发点。

《大观茶论》中的表述是“有随汤击拂，手筅俱重，立文泛泛，谓之一发点。盖用汤已故，指腕不圆，粥面未凝，茶力已尽，雾云虽泛，水脚易生。”

这种方法也是初学者易犯的错误。在静面点手法下，他们意识到不能生起沫饽的原因是筅头的运动幅度不大，于是就持筅前后大力推拉，增大茶筅在茶汤中的行程。茶筅虽然动起来了，但操筅者的胳膊行程同样增大，好像

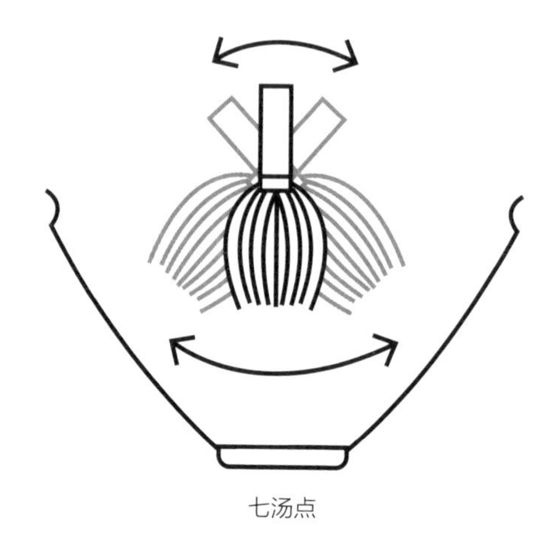
七汤点

活塞运动（指腕不圆），还是会很累，且速度受限。茶筅经常会与茶汤在一个频率上摆动（随汤击拂），这样即使会出现一些沫饽（立文泛泛），也只是暂时性的（一发点），无法累积（粥面未凝），很快即散去（水脚易生）。

正确的手法应该如下：

手轻筅重——七汤点。

《大观茶论》中的表述是“手轻筅重，指绕腕旋，上下透彻。”

手轻筅重才是击拂的最佳姿势。手轻握筅柄，胳膊抖动发力，茶筅随着手腕快速甩动（指绕腕旋）。茶筅穗端在茶汤中充分激荡，力量透达全部茶汤（上下透彻），有时茶筅碰到盏壁，会借助竹子的柔韧性反弹回来，帮助操筅者省却许多力气。这个劲儿如果放大来看，有点儿像甩皮鞭一样。

接下来再说茶筅在盏中的运动方式。

有人初见点茶就评论说“这是在刷锅吧？”也有人问“用打蛋器搅拌可以吗？”大家很容易把“搅拌”当作点茶的手法。

宋徽宗《大观茶论》的用词除了美以外，还有一个更大的特点，就是“精准”。那他为什么把点茶的主要动作称为“击拂”，而书中到底有没有出现“搅拌”呢？

根据《汉语大字典》的解释：

搅：搅拌。

拌：搅拌；搅和。

古人多用这种以字注字的方法来解释，互相说明。

在《辞海》里，还加了一条引用——“搅匀”。也即是说，搅拌的主要作用是让混合物变得均匀。

宋徽宗在讲“七汤点茶法”时，确实用了“搅”字。

《大观茶论》中的表述是“先须搅动茶膏，渐加击拂。”

搅这个动作，是在第一次注水完成以后，击拂之前，也是唯一的一次，仅此一次！注水之后，宋徽宗不会马上击拂茶汤，而是要先搅动，旋转指腕，让膏状的末茶和热水进行一次充分拌匀后，再开始击拂。膏状末茶容易粘在盏底，宋徽宗应是认为如果不先搅匀，即会影响茶味。这是一个很小的细节，老手都经常忽视。

细节决定成败，追求极致的宋徽宗又给我们上了一课。

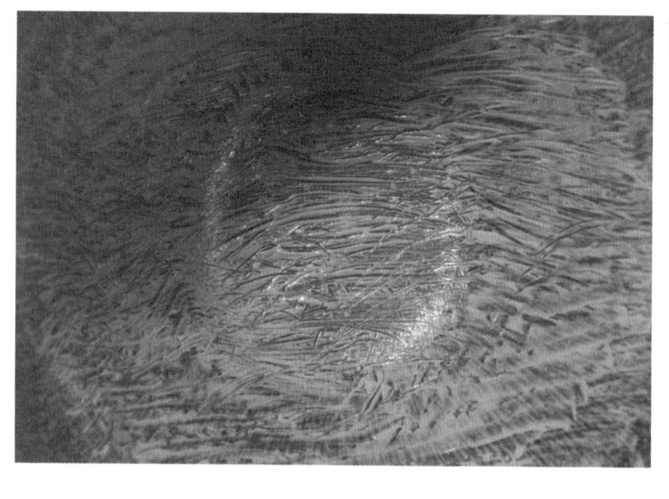

调膏

不过茶汤所追求的丰厚沫饽，可不是只靠搅拌均匀就能生成的。所以宋徽宗又说了两个动作：击、拂。

击，就是打。这个动作很激烈。庄子《逍遥游》里的鲲鹏一击即带起惊涛骇浪——“水击三千里”。

拂，多是掠过之意，在表面缓缓划动。李白有诗：“云想衣裳花想容，春风拂槛露华浓。”

在第五汤里，宋徽宗强调说明了击、拂的各自作用：

“击以作之……拂以敛之。”

在实际应用中，“击”紧随“搅”之后，主要用于前三汤。茶筅深入水中，让茶汤充分激荡起来，末茶和热水在来回地翻腾撞击中，迅速达到融合，使末茶的内含物质最大析出，也就是宋徽宗说的“发立”。

“拂”主要用于后几汤。茶筅提起来，入汤略浅，用“拂”来收敛和控制沫饽的薄厚、疏密。

在宋代点茶的标准里，沫饽少固然不好，但沫饽太多也会影响品饮时的体验。用沫饽创作虽也是古代茶人的雅行，无可厚非，但过度的沫饽就变成了一种纯娱乐。如果要追求品饮效果，一定要记住一个宗旨："相稀稠得中"，这才能享受到"香甘重滑"四字并存的口感。

击作、拂敛，实际上讲的是对茶汤沫饽的控制。这两个动作目的不一、作用不一、效果不一，但在一盏茶汤里，它们是并存的，并没有一个非常清晰的界限划分。不能说我在什么地方只能用"击"，或者哪个环节只能用"拂"，要根据具体的情况"看茶点茶"。

中国人爱讲阴阳，爱用二分法看待事物，但一定不是机械地把它们当作对立的两个面、两个元素来看。《三十六计》第一计"瞒天过海"说："阴在阳之内，不在阳之对。"要阴中有阳，阳中有阴，击中有拂，拂中有击。

字要一个一个抠，茶要一盏一盏打，融会贯通才能明白宋徽宗点茶的精妙之处。

接下来讲一下点茶的姿势。

经常有茶友争论点茶应该采取站姿还是坐姿。

纵观古画中茶事，以及实践来看，如果按前面的持筅手法点茶，建议采用站姿。

坐姿点茶时，盏在胸前下方较高处，基本与上腹部持平，持筅的手腕与小臂形成接近直角的弯曲，这个姿势不符合人体工程学，不是人手臂正常放

十八学士图（局部） 宋 台北故宫博物院藏

松的状态，手腕在此姿势下发力不仅会受限，还容易疲惫。如果是为了表演或者是为了追求美感偶尔为之无伤大雅，但如果长期坐点，手腕则会面临劳损的危险。如需坐姿点茶亦可考虑横握持筅。

站姿点茶时，手臂与手腕呈一条直线，手腕可以很好地甩动。人的胳膊在疲惫的时候，也会经常不由自主地垂臂抖动放松。在此状态下，手臂的抖动速度反而可以很快且不易疲惫。

站立时，参考使用太极拳的站桩姿势为妙。双脚略微打开，与肩同宽。身体自然放松，双膝略弯，全身像弹簧一样可随时上下调整，切不可死板直立。上身略向前倾但不可哈腰，沉肩坠肘，左手自然扶住茶盏，右手持筅点茶。

身体与桌子略微离开，以不贴靠为美。同时，身体也可根据桌面高度和手臂长度的不同而进退，调整与桌子间的距离，保证手臂、手腕的舒适度。

关于用意。

点茶须专注，这里介绍一些用意的小窍门。许多人在击拂的时候，总是想着手如何去操纵茶筅，实际上当你越在意击拂动作，就越打不出雪沫乳花。这并不是专注，而是紧张。

点茶时，可以将意念集中在茶筅顶端穗头的部位，用心去感受茶筅与茶汤的交流，感受茶筅随着沫饽厚薄在水中的阻力变化。实际上，当你意存茶筅时，身体已经和茶筅融为一体，茶筅成了手臂的延长，运筅不再有阻碍。

关于注汤。

汤以 80℃热水为宜。过热不易形成沫饽，过冷不利茶香发散。

注水手法总标准：“环注盏畔，勿使侵茶，势不欲猛”，即：贴着盏壁环形注水，让茶汤受热均匀。

注在茶汤边沿之上，不要注在茶面上，避免破坏沫饽。

注水不宜猛，要缓急适中。

注汤时，初学者往往会关注瓶嘴，小心翼翼地一点点倾斜瓶身，这让动作看起来很不娴熟。在平时练习时，可先固定使用一支汤瓶，熟悉其加入水后的重量，把瓶与水看成一个整体，去观想瓶中热水的状态、感知水流，久而久之，注汤控制即可自如。

你不知道的茶百戏

馔茶而幻出物象于汤面者
茶匠通神之艺也

茶汤里，还有一场大戏。

北宋初年，陶穀完成了一部笔记小说《清异录》，共六卷三十七门，其中关于茶的部分，被后世单拿出来辑为一本茶书《荈茗录》。在《荈茗录》里，陶穀记载了一种当世极为高明的点茶手法：茶百戏。

茶百戏在当今点茶界可是鼎鼎大名，对茶百戏的理解也众说纷纭，那茶百戏到底是什么呢？

我们先看看陶穀原文：

“近世有下汤运匕，别施妙诀，使汤纹水脉成物象者。禽兽虫鱼花草之属，纤巧如画，但须臾即散灭，此茶之变也，时人谓之茶百戏。”

这可厉害了，居然可以用茶匕在茶汤中运划，让茶汤表面的沫饽形成纹路，像禽兽、像虫鱼、像花草，且像画上去一样，不过很快就散灭了。这种用茶匕刻画导致茶汤表面幻化的，被称为茶百戏。

“茶百戏”的前面还写有一条，叫作“生成盏”，另外记录了一种比茶百戏还厉害的手法：水丹青。

“馔茶而幻出物象于汤面者，茶匠通神之艺也。沙门福全生于金乡，长于茶海，能注汤幻茶成一句诗，并点四瓯，共一绝句，泛乎汤表。小小物类，唾手办耳。檀越日造门求观汤戏，全自咏曰：生成盏里水丹青，巧画工夫学不成。却笑当时陆鸿渐，煎茶赢得好名声。”

这里，直接把能在茶汤表面作画的技巧夸上了天，叫作“通神之艺”，而会这种技艺的人，也被称为“茶匠”！有一位茶匠和尚名叫福全，生在济宁的金乡，在茶乡长大。他的技艺神到了什么水平呢？他用热水作画！他向点好的茶汤里注入热水，热水在沫饽上出现的水痕，居然可以形成文字。小小的茶盏里能容下一句诗。他要是同时点四盏茶汤，还可以组成一首绝句。至于山水花鸟一类的小物象，更是随手可成。每天来他这里观看表演的人络绎不绝。他为此洋洋自得，还作了一首诗来笑话茶圣陆羽当年的煎茶太过简单。

茶百戏用茶匕作画，而水丹青用水流作画，后者看起来更加难以控制，更加技高一等。

《孤山游》 贾方作

在当代的实践过程中，我们尝试先按茶百戏记录的方法，在白色沫饽上作画。

先用茶匕或茶筅运转沫饽，拨弄“汤纹水脉”，使其勾勒出物象。

接着，我们再尝试用茶匕直接划开沫饽。匕痕形成图案，沫饽随之会在不稳定地爆破中重组，过一会儿，渐渐模糊不见。这比较符合“须臾而散”的记录。当然也有的茶汤，匕痕划过之后，并无太大反应。

使用水丹青方法时，向茶汤中注入热水，被水浇过的地方，在水的稀释

茶匕划开沫饽后的“茶”百戏

水丹青的“戏”

下会形成与茶汤底色不一致的水痕，从而显露出图案。不过这通常在茶汤颜色不是特白的时候有效，比如青白、黄白。如果茶汤纯白，就会导致水痕不明显，画作不彰。

古人从很早开始就追求白色的沫饽，晋朝的《荈赋》即写“焕如积雪、晔若春敷”。宋人也是追求茶色纯白为上，点茶界的老大宋徽宗更是给茶色定了性“以纯白为上真”。如果说宋徽宗的时代是点茶的巅峰，对白的追求到了极致，那么在宋初的时候，也有一位文人林逋在诗里写道“筯点琼花我自珍”，把茶汤沫饽描写成白色的琼花，说明“追白”这件事，自古就没变过。

考虑到《荈茗录》成书在宋初，记录的事极有可能发生在更早的五代，我们对当时的制茶工艺放松一点要求，可能福全的茶汤是黄白之色，但一定不能是纯绿或深褐色。不然主流都在追白，草野人士搞出个黑乎乎的茶汤，怎么好意思笑话茶圣呢。

其实纵观两宋及以后的茶书，只有《荈茗录》对水丹青、茶百戏有明确记载。杨万里的《澹庵座上观显上人分茶》算是偶尔提到和水丹青有关的诗了：“银瓶首下仍尻高，注汤作字势嫖姚”。

宋人多提“分茶”的概念，如陆游的《占安春雨初霁》：“晴

《低眉》

三十二相应化身，拯救众生出苦津

执此慈悲心太切，翻将觉海作红尘

韩喆明　作

《禅》

云际楼台深夜见，雨中钟鼓隔溪传

我来不作声闻想，聊试茶瓯一味禅

韩喆明　作

窗细乳戏分茶”；张炎《春从天上来》：“问钱塘苏小，都不见，擘竹分茶”，但都无具体的动作描写。

茶百戏这么好玩的事，广大宋代文人为什么放过了呢？不知道是蔡襄、宋徽宗倡导茶色纯白之后，此法难以成立了，还是文人们不屑于这种发源于民间的茶汤游戏，亦或是陶穀给我们夸张地讲了一个“故事”？

不管怎么说，这确实是一门高难的技艺，期待有识之士继续实践探索，洞穿真谛。

《荈茗录》里还有一条叫“漏影春”的有趣方法，相对比较简单，严格来说不能算真正意义上的点茶，只是一种艺术性的玩法。

“漏影春法，用镂纸贴盏，糁茶而去纸，伪为花身；别以荔肉为叶，松实，鸭脚之类珍物为蕊，沸点汤搅。”

用事先镂空刻好图案的纸贴在茶盏表面，撒上末茶粉。揭开纸后，茶粉形成像花身一样的图案，然后再用荔枝肉装饰成叶子，松果、银杏等干果装饰成花蕊，一幅美丽的图画就在盏底呈现出来。喝的时候，如点茶一样，将沸水注入并击拂。想起现在流行的金箔咖啡，也许不久就会出现漏影春法的金箔点茶了。

当代，在沫饽上做艺术表达的茶汤游戏也有突破。

形式有多种，但原理相同，都是在茶汤中人为造成液体的色泽、浓度不一，对比生成图案。

一种可称之为汤画。事先准备好浓稠度较高的茶膏，点茶完毕后，直接用工具蘸着茶膏在沫饽上书写。茶膏和沫饽的浓度、颜色不一，两者叠加对比自然产生图案。此法底色的沫饽多为白色，而茶膏多为绿色、褐色。有人也尝试加入其他颜色的植物汁液作画，比如呈红粉色的草莓汁等。

另一种则是事先准备好浓郁的、颜色略深的茶汤作画底，然后用带尖器具蘸水，在茶汤表面作画、写字，利用水稀释茶汤形成水痕。此法茶汤底色，多呈绿色或褐色，宋人呼为“下茶”。

茶汤游戏不论怎么玩，都要以能喝、好喝为第一要务。

如果游戏弄得太过了，茶就会变了味道。

有的茶汤奇浓无比，末茶放入十数倍于正常的剂量，泡出来黑乎乎的一大坨。这样虽有利于稀释出图案，不过饮用的时候却是异常苦涩无法入口，更别提有人还往里面加入了非茶的“黏稠稳定剂”。这就完全背离了点茶本来的追求，茶汤仅变成一种“画布”，成了一种杂耍。

茶是大自然的恩赐，是“擅瓯闽之秀气，钟山川之灵禀”的英华，浪费茶之罪过无异糟蹋粮食，“茶百戏”务要以适度为宜。

后记

昨天上午，我在炎黄艺术馆参观一位艺术家的“建盏修复与再造”。中午与朋友电话沟通，谈到如何将宋代点茶等传统行茶方法融入他的艺术空间。下午，在工作室磨制易武“缪在”生普洱茶，两个多小时磨出近50克，茶汤沫饽白皙绵密，滋味香甜，且山头气息明显，又发现一款好茶可以点着喝，甚喜。

多年来，这样的日子，几乎已经成为常态，与点茶有关的事情几乎占据了生活的大部分。同时，也因为点茶而结缘、结交了许多新的朋友。

随着对七汤点茶法研究的日趋成熟，我在学习、实践的道路上，既做了大量的工作，走过一些弯路，也获得了许多宝贵的经验。

2019年初，萌生了要将所学整理成文字分享给大家的念头，于是开始动笔撰写本书。

2020 年春，一场突如其来的疫情将大家困在家中。为了让居家时光变得有趣一些，我和许多喜欢点茶的朋友们开始在网络上进行交流，组织了《大观茶论》读书会。紧接着，我开始撰写“薰风自南来”公众号，并尝试录制“点茶小知录”系列视频，在微信公众号、小红书、B 站等网络平台发布。“七汤点茶法标准流程”视频，应该是早期比较全面、系统呈现点茶操作的影像资料，在各平台帮助许多茶友自学点茶技艺，也被国家博物馆“中国古代饮食文化展”选中，作为展览中宋代点茶板块的视频说明。

2020 年夏，我的工作室“薰风斋－宋代点茶研习所”成立，开始专注于宋代点茶的传播与教学工作。在全国多地开班教学，于是陆陆续续有更多的茶友加入到我们的点茶大家庭中来。

点茶，在数年前几乎还不为人知，只有极少数资深茶友问津。近期，电视剧《梦华录》的播出，让点茶一夜之间成了全民喜爱、热捧的传统文化项目。这期间，许许多多点茶人，一边用不求回报的付出来坚守着这一份热爱，一边也在以创新求发展，为点茶之花能够在当代土壤中绽放，贡献自己的聪明才智。

本书的初稿在 2020 年夏天完成。随着对点茶认知的进一步深入，书稿也在慢慢修改、完善，2021 年夏天交付出版社，在刘文蕾、丁悦两位编辑的悉心工作下，历时一年终于即将付梓出版。

一路走来，得到了许多师友们的指点，对我在点茶理论、器物复原、操作技艺、艺术呈现等方方面面提供了帮助，在此向大家表示衷心感谢。

本书得到了曹静楼、赵为民、戚学慧、赵赵四位先生的推荐。这些发自肺腑的推荐语，让我在获益的同时，也看到了自己的责任与担当。

感谢好友管子天、常克永，两位对本书所需图片进行了摄影创作，让我们得以领略点茶之美；感谢李文年、穹究堂，为本书提供了大量器物资料；感谢韩喆明小友特意创作的茶画，让我们看到传统文化的当代表达；感谢于璞华、孙刚、张兴亚、张腾蛟，你们一直以来对我的点茶给予了许多关注与帮助。

特别感激我的父亲、母亲、夫人，你们是本书的第一批读者，为我提出许多中肯的建议，谢谢一直以来你们对我点茶事业的默默支持。

2021 年夏天，我的儿子张竞择和三名同学，在薰风斋开展了为期一周的假期活动，尝试以传统文化为内容进行经营。他们开发了宋代点茶体验、方山露芽冷泡茶、大宋剧本杀、点茶文化扇等四项产品，在七天时间里取得了很好的成绩。他们每天坚持以视频记录，最终将素材剪辑成一部纪实性影片

《3000yuan》，在“全美高中生电影节”获得了最佳新人奖。点茶因此被更多年轻人关注到。感谢儿子，这件事让我看到了自己坚持研究和传播点茶的意义，传统文化可以以一种美的形式、一种多元文化的呈现，走进当代人的生活，尤其是年轻人中间，让我们的生活变得更加多姿多彩。

最后，我想引用一句我在系列教学视频“点茶小知录”中的开篇语向各位读者发出邀请，希望大家都能爱上点茶，也欢迎各位朋友前来交流、切磋：

“有关宋代点茶的一切美好。大家好，这里是薰风斋，我是观合。”

观合于薰风斋

壬寅年九月十九

参考文献

[1] 钱时霖，姚国坤，高菊儿. 历代茶诗集成. 唐代卷 [M]. 上海：上海文化出版社，2016.

[2] 钱时霖，姚国坤，高菊儿 . 历代茶诗集成 . 宋金卷 [M]. 上海：上海文化出版社，2016.

[3] 李文年. 中国陶瓷茶具珍赏 [M]. 北京：文物出版社，2016.

[4] 扬之水. 棔柿楼集 · 两宋茶事 [M]. 北京：人民美术出版社，2015.

[5] 朱自振，沈冬梅，增勤 . 中国古代茶书集成 [M]. 上海：上海文化出版社，2014.

[6] 赵佶. 大观茶论 [M]. 北京：中华书局，2017.

[7] 吴觉农. 茶经述评 [M]. 北京：中国农业出版社，2005.

[8] 宋时磊 . 唐代茶史研究 [M]. 北京 : 中国社会科学出版社，2017.

[9] 沈冬梅 . 茶与宋代社会生活 [M]. 北京 : 中国社会科学出版社，2015.

[10] 施由明 . 明清中国茶文化 [M]. 北京 : 中国社会科学出版社，2015.

[11] 朱易安 , 付璇琮 . 全宋笔记 [M]. 郑州 : 大象出版社，2003.